城市景观规划设计方法

袁犁 姚萍 编著

科学出版社

北京

内 容 简 介

本书系统阐述了景观、城市景观、城市景观规划设计及相关研究范畴，通过城市到景观、城市景观规划设计与发展、城市景观规划设计原则与要点等内容，分析如何规划设计城市景观，打造宜居、宜游、宜业的景观城市。本书运用多学科知识，采用重点与一般相结合，微观研究与宏观规划设计相结合的方式，在保证城市景观学科内容的系统性与完整性的前提下，突出城市景观规划设计方法这一重点内容，从而使本书既具有一定的理论性与实用性，同时也具有规划设计的可操作性。

本书可供城市规划、城市建设、城市景观科学及相关专业的科研、设计、管理工作人员参考，也可作为高等学校景观规划、城乡规划等相关专业的教学参考用书。

图书在版编目(CIP)数据

城市景观规划设计方法 / 袁犁, 姚萍编著. — 北京: 科学出版社, 2018.8
ISBN 978-7-03-057419-0

Ⅰ. ①城…　Ⅱ. ①袁…②姚…　Ⅲ. ①城市景观–城市规划　Ⅳ. ①TU-856

中国版本图书馆 CIP 数据核字 (2018) 第 103655 号

责任编辑：张　展　唐　梅 / 责任校对：韩雨舟
责任印制：罗　科 / 封面设计：墨创文化

科 学 出 版 社 出版

北京东黄城根北街16号
邮政编码：100717
http://www.sciencep.com

成都锦瑞印刷有限责任公司印刷
科学出版社发行　各地新华书店经销

*

2018 年 8 月第 一 版　　开本：787×1092 1/16
2018 年 8 月第一次印刷　　印张：17 1/4
字数：410 千字
定价：102.00 元
(如有印装质量问题，我社负责调换)

前　　言

随着我国现代化进程的不断加快、人们生活水平和社会开放程度的提高，人们对自身所处的城市空间环境和景观质量有了更高的要求。而城市景观与社会发展的矛盾日益突显，因此塑造一个品质高雅、良好健康和使用方便的城市环境及景观形象已经成为城市设计和景观设计的重要课题。

城市景观规划设计作为城市设计的重要组成部分之一，以改进人们的生存空间的环境质量和生活质量为主要目标，从而形成整个城市的艺术和生活格调，建立城市的品质和特色。目前，人们已逐步树立建筑、规划、风景园林"三位一体"的设计思想。随着景观规划的发展，景观规划设计的概念也越来越广泛，现代的景观规划设计已是一个集艺术、科学、工程技术于一体的应用学科，其范围几乎涉及了城市人居环境的各个层面。本书结合国内外实际，归纳总结了城市景观造景设计的理念、方式、原理及审美表达，对读者认识乃至深入了解城市景观规划设计方法进行引导。同时，也凸显了城市景观在城市规划与城市设计中的重要性以及它们之间有效的互动关系。在此背景上，为满足人们了解与掌握景观规划设计的基本理论与基本方法的需要，为其提供理论指导与技术支撑，同时也为了满足当今社会、城市发展的需要，遂出版此书作为参考。

本书的基础源于编著者在城乡规划、建筑学和风景园林学科的讲学与实践，并结合十多年的教学研究工作经验，对原知识点不断进行补充与完善。本书以景观规划与设计基础知识为主要内容，立足景观理论方法，从景观基础和元素构成分析出发，由浅入深，涉及景观与城市景观概念、景观规划设计内容和发展趋势、城市景观规划设计原则、城市景观要素规划设计、城市景观规划设计要点以及城市广场景观规划设计等六个章节的内容，系统地阐述了如何创造美好的城市景观，打造适合人们居住的城市景观环境，密切将景观理论与景观规划设计实践内容相结合。

本书以景观基本原理为基础，以介绍城市景观规划设计的基本方法为出发点，重点讲解如何分析城市景观资源及其构成；怎样规划设计有内涵和文化底蕴的城市景观环境；在认识论的层面上对设计原理进行分析与讲解，揭示城市景观设计的科学性、不确定性、创新性和实效性的问题。从读者角度出发，以授人以渔的方式，引导读者从景观设计的基础内涵学习开始到景观构建的规律和秩序思考，从而理解景观元素之间的关系，最后开展真正的设计。本书的表达立足基本原理和设计基础；内容宽泛而全面，概括又综合；注重综合分析，规划设计的思考性强；许多例子深入浅出，触类旁通，容易帮助读者建立景观规划设计的思路，指导读者对景观规划设计文化内涵的理解及其运用。

本书涉及内容较为全面，注重景观规划设计思想的理解和景观方法分析，丰富和加深了读者对城市景观文化的理解，以及景观组成与规划设计方法的思考与运用。本书结合景观基础知识及其新的资料信息，使之成为城乡规划、建筑学、风景园林等专业学习的辅助书籍，也可作为景观爱好者的入门自学书籍。

本书的编写工作中，难免存在不足或遗漏，敬请读者提出宝贵的意见。

本书的绪论和前四章由袁犁编写，第五章、第六章由姚萍编写并审阅。王飞宇、蒋静协助完成资料收集与整理以及一些图的编绘工作，在此一并感谢。

目　　录

第0章 绪 论

现代城市带给我们方便、舒适、高效、繁荣的同时，也带来了不同程度的嘈杂、混乱、肮脏，尤其是精神上的烦恼和空虚。城市中的各种园林(花园、公园、庭园、游园等)、建筑(音乐厅、歌剧院、广场)等空间环境显得尤其重要。这类城市空间环境是人们心灵的归宿，可以在此欣赏艺术、享受美景。然而，对于包括建筑艺术、园林艺术在内的所有视觉艺术来说，城市就是它们集合起来的一个巨大的博物馆，而作为博物馆本身，无疑也应该成为为人们带来美感的艺术品。因此，这就要求我们须将整个城市创造成艺术品，使居住在其中的人们得到更大的满足。

清华大学的吴良镛教授早在20世纪80年代中期就提出"城市是个巨大艺术品"。要想实现这个愿望，简单地在城市中摆满艺术品是不够的。这如同我们在展览大厅中展示书法、绘画作品时，如果展览厅不加以人为的设计和布局，就会影响参观者的视觉体验。同样，我们单纯依靠现行的城市规划、建筑设计、园林设计等人为的工作也是不够的。中国人自古崇尚自然，由此而成为东方自然式园林的创始与代表。但是，我们也必须清楚，城市毕竟不能等同于自然，而城市的美也不能简单地依靠提高绿化覆盖率，还必须依靠其自身正常的要素来体现它的艺术性。因此，并非绿化覆盖率越高，花草林木越多，一座城市就越美，城市也不可能因为造型独特的建筑越多就越美。

美的形式有很多，内容十分广泛，与人的视觉活动和心灵体验息息相关。而一座城市之美，绝不是简单地将不同部位或不同要素拼凑、组合在一起便能体现。如前所述，即使各个组成部分都是艺术品，摆放在一起未必会构成一个真正的艺术品，未必就很美。因此，整体的美需要以单个的艺术美为基础，以个体景观为成分，经过合理的组织，才会构成城市的整体美，塑造出良好的城市景观形象和面貌。所以，创造城市美，我们强调的是整体美，如同人们进入一个花园后，巡回漫步，逐步欣赏全部景物时，好似欣赏一部乐曲，有序曲、高潮、尾声等一系列过程，最后给人留下一个整体的美妙回味，这便是希望城市美所能达到的效果。但建筑设计、园林设计属于单项设计内容，它们最多是通过对环境的兼顾影响到某个区段，而对城市整体环境艺术的设计与创造却有些力不从心，这是因为它们的研究范围有限。城市设计的出现正好弥补了这一不足，因为城市设计是从城市整体出发，大到一座城市，小到一个小品，是对城市进行综合设计。

城市设计是以改进人们生存空间的环境质量和生活质量为主要目标，对城市外部空间和形体环境进行设计和组织。通过城市设计塑造的空间和环境，形成整个城市的艺术和生活格调，建立城市的品质和特色。城市设计不是单纯的艺术展示，而是通过艺术的手段完善城市的功能机制。这与城市规划有所不同，规划方法通常是在二维平面上进行，主要考虑城市的平面布置和功能分区；城市设计主要与城市美的塑造和城市美化相关，而规划远远超出了传统的城市设计观念，已逐步扩展到其他方面。

城市景观规划设计属于城市设计的重要组成部分之一，它几乎与城市设计相并而生。实际上，古代就已存在城市设计、景观设计。在中国，据最早的历史记载，有意识的景观设计，即景观设计的前身——园林设计，它来源于古人长生不老的梦想。早在公元前 4 世纪以前的战国时期，传说有一种能使人长生不老的灵丹妙药，它是由仙山上的奇花异草炼制而成。因此，有人就营造出人工的山水环境来象征生长着长生不老药材的仙山，山上的神奇植物则按照各国君王的喜好而定。而"海外仙山"这种人工环境模式主要表现为：中央有一池塘，以此象征大海，池塘中分别有三座小岛，象征海上的三座仙山，名为蓬莱、方丈和瀛洲（图 0.1）。这种"一池三山"的环境布局是中国园林（景观）最早期的也是最基本的模式，它清晰地表达了早期人们的设计思想。通过这种布局安排，利用不同层次的地形（山体）和树木使平展的水面景观得到了丰富，同时在不同的位置和角度看到的画面也不尽相同。

图 0.1   汉建章宫"一池三山"

尽管这种思想看来极为简单，来源于对永生的追求，可随着帝王将相们一代代的逝去，这种园林布局模式和设计行为却一代代相传下来。因为这些设计行为背后的真正动机是人们对美的欣赏和追求，所以才促进了景观设计的逐渐发展。如今，景观设计已经发展成为一门学科、一种系统性的方法。随着人们生活水平和社会开放程度的提高，人们对自身所处的城市空间环境和景观质量有了更高的要求。越来越多的人走出家门，进入城市空间，开展各种活动，如人与人的社会交往，娱乐、休憩、观赏等；同时人们也逐步认识到提升城市环境品质与改善投资环境对于促进地方经济腾飞的极端重要性。于是，塑造一个品质高雅、良好健康和使用方便的城市环境及其景观形象已经成为城市设计和景观设计的重要课题。

荷兰建筑师雷姆·库哈斯（Rem Koolhass）在 1995 年出版的《普通城市》一书中写道："我们精心规划的城市现在看来仍是一片混乱，那我们不如去营造一种随意建设，用旧了就放弃的普通城市。"库哈斯对城市所持有的看法是颇耐人寻味的。图 0.2 为一位印度学生所作的一幅漫画，形象地表明了高层建筑对城市空间的挤压；图 0.3 中，建筑似积木一个挨一个，一排接一排，让人感到窒息。

图 0.2　高层建筑的阴影和对城市空间的挤压　　　　　　　　　　图 0.3　南美某城镇

　　我们必须承认，人们也希望通过规划和设计创造特色，反映历史，但由于缺乏城市设计和景观规划设计的手段与方法，因此不自觉地造就了大量"库哈斯式"的普通城市空间(图 0.4)。比如，城市中建筑密集林立，而户外环境场地空间极度缺乏，环境质量下降；一方面兴建大面积绿化广场和开放空间，另一方面竟把大量多年生长的树木无情地砍伐掉或破坏；在改善城市景观形象的同时，又忽略了对城市个性特色的塑造，一味照搬模仿，缺少创新；或者表现为一流的建筑，三流的景观，建筑周围长期杂乱无章，缺乏统一感，不能形成良好的空间环境和城市景观。对此，人们已经有所认识，并逐步树立起建筑—规划—风景园林"三位一体"的设计思想。试想，城市中一座大型的公共建筑场所，在规划上若不首先提供良好的选址，建筑设计得再好，没有良好的室外环境，就很难获得一个完美的建筑作品。20 世纪，世界各国建成的建筑精品无一不是三者统一设计和经营的结果，如赖特的流水别墅、纽约的洛克菲勒中心、洛杉矶的珀欣广场、波士顿柯布雷广场、上海人民广场、哈尔滨防汛广场等。

图 0.4　拥挤的城市空间

　　1936 年，美国建筑师弗兰克·劳埃德·赖特(Frank Lloyd Wright)在宾夕法尼亚州建立了熊跑泉瀑布别墅——流水别墅(图 0.5)。从这栋建筑的造型组合来看，可以把它分为上下、左右、前后三大块立方体。这三块立方体具有统一体积的形态，而放置方向上相互之间又有对比：下面一块立方体为水平横向放置，上面一块立方体为水平纵向放置，后面一块立方体垂直向上，三者分别构成了三个方向，也即人体的上下、左右、前后定位方向。所以，这座建筑在视觉造型上是很和谐有序的，而且又富有变化。但仅就别墅本身而言，若不与外部环境配合，也不可能成为现代建筑艺术的范例。赖特在《建筑论坛》中这样描述："在风景优美的森林中有一处坚固高耸的石林位于瀑布近旁，自然景物似乎使别墅石林飞跨于瀑布之上……当你看到那设计时，必会听到瀑布的哗哗声。通过玻璃幕墙所空出的空间使三个独立空间设计在空间上互为补充，每一空间设计与室外景观相联系。"

众所周知的澳大利亚悉尼歌剧院(图 0.6)是一座滨水建筑，始建于 1957 年，于 1973 年建成。它具有让人"过目不忘"的魅力，显然已成为国家的标志。

图 0.5　流水别墅　　　　　　　　　　图 0.6　悉尼歌剧院

1956 年，澳大利亚总理凯希尔以政府名义出面筹建悉尼歌剧院，在世界范围内进行设计方案竞赛，评选委员会初审告一段落后，美国建筑师 E·沙里宁(小沙里宁-Eero Saarinen)对从 233 个方案中初选出的 10 个方案都不满意，又将已经被淘汰的方案重新审阅。最后他选中了丹麦建筑师约翰·伍重(Jorn Utzon)的方案，而这个方案仅为一张示意性草图，但 E·沙里宁却力排众议推举了这一方案。实施中，壳片的设计遇到了极大的困难，共花了 6 年时间设计试验才获得成功。从方案选定到建成历时 17 年，工程造价 1.2 亿美元。十对巨大的壳片并不是功能需要，也并非结构决定，而是建筑师追求雕塑感象征意念的奇异作品。它坐落于大海之滨，其造型既像一组白帆，又似一堆海贝，充满了海的神韵，在大海的背景衬托下显得十分优美而富有活力。

肯定地说，如果悉尼歌剧院建在远离水体的陆地上就会比现在大为逊色。人们会因为它摆放的位置不对而忽略了建筑的本身。我们都很熟悉悉尼歌剧院的形象：它的形象既像白帆又像海贝。然而它背后蕴藏的文化却与当地流传的一个民间故事有关：很久以前，据说在这里生活着一个贫苦的孤儿。有一天，它从一条大鱼的嘴里救出了一条小鱼，这条小鱼为了报答他的救命之恩，便送给他十个贝壳。这些贝壳可以医治瘟疫，只要把贝壳放在病人的胸口上，病痛就会立即消除，周围的人们都为之高兴。不久，这个消息被附近部落的一个酋长知晓，便派人来抢这十个神奇的贝壳。孩子为了保护贝壳，以牺牲自己的精神，带着贝壳跳进了大海。后来便在海边的海滩边上忽然出现了十个巨大的贝壳。当人们走近这个贝壳时，都会感到赏心悦目，心旷神怡。当那个酋长再次来抢这十个贝壳时，这些贝壳立即变成了一艘张着白帆的船，向海上驶去，酋长只好望洋兴叹。建筑师正是受到了这个民间故事的启示，设计出既像白帆又像海贝的建筑形象，使它不仅成为标志建筑，还构成了令人赏心悦目、美不胜收的城市景观。

从这幢建筑的产生，我们可以得到几点启发：建筑的立意构思与设计创作的思考可以从民俗文化中获得灵感，而精品的设计与其环境的和谐密不可分。因此，城市景观规划设计即是对环境的设计，是将自然与人工的环境和景物从功能和美学上进行合理的保护、改善、组织和再创造的活动。

1980年《世界建筑》第1期将这一设计介绍到国内，一时间各地的江河湖海出现了众多的帆影。一些稍微含蓄点的效仿作品还能让人产生联想，但是多数效仿作品只是提醒人们那是一艘船，船上有帆，仅此而已，而且帆的尺寸还是按照船厂的图纸制作的。这样的建筑没有美感可言，更像是一个大大的玩具。

第一章　景观与城市景观

第一节　景观概述

一、景观的含义

景观一词来源于英文"landscape"，中文一般译为景观、风景、地景、景园或造园。景观，可理解为景与观的统一体。"景"是指一切客观存在的事物。在词典中的"景"，有景物、景象、景色、风景等词义；"观"是人对"景"的各种主观感受的结果。在词典中的"观"，有观察、观测、观摩、观赏、观光等意思。

不同的学科对景观有着不同的解释或者侧重点。比如：建筑学强调它的美学特征，将景观理解为建筑物或建筑群体的空间视觉效果；地理学认为景观是视线所及的土地景象。19 世纪中期，自然地理学之父——德国自然科学家亚历山大·冯·洪堡(Alexander von Humboldt)把"景观"作为一个科学的术语引用到地理学中，强调它的区域特征，并将其定义为某个地球区域内的总体特征。后来，俄国地理学家又将这一概念加以发展，赋之以更为广泛的内容，把生物和非生物的现象都作为景观的组成部分；生物学家认为景观是一个更为广泛的概念，泛指人类生存的空间和视觉总体，包括地圈、生物圈和智能圈的人工产物；文化景观论者则强调文化对自然景观的作用和影响，认为景观是自然与人文景观兼收并蓄的视觉感知的景象，是人类文化作用于自然景观的结果；而一般公众却将景观和"风景"等同起来。

由上述可知，景观是一个宽泛的概念，既包括视觉、美学意义(与风景、景观、景色同义)，又有地学意义(用来描述地质、地形和地貌属性)，还有生态意义(指其作为生态系统能源和物质循环的载体)以及文化意义(指其作为人类文化、精神的载体)。

这里，我们可以归纳出一个综合且简单的一般概念，即景观是指地表自然景色或自然人文综合景象。这一景观概念绝不仅仅是指城市范围以内的景象，也包括了城市以外区域的种种景象。但无论什么景观，从根本上讲，景观最基本、最实质的内容还是离不开园林这一核心，即构成园林的基本成分。园林的基本成分有两大类：一类为软质的成分，如树木、水体，以及风、细雨、阳光、天空等，组成软质景观，通常是自然的；另一类是硬质成分，如铺地、墙体、栏杆、建筑等，称为硬质景观，通常是人工的。当然也有例外，如山体是硬质的，但它是自然的。追根寻源，园林在前，景观在后。

园林的形态改变可以用简单的四个字来概括：圃(菜地、蔬菜园)——囿(囿中打猎)——园(囿浓缩成园)——林(保护培育成林)。在园林的基础上，景观演化到现代，有了新的发展和规模更大的环境，包括区域的，城市的，古代的和现代的。这些景观叠加在一起，就形成我们今天所关注的景观。而景观的组成却比园林复杂很多。

园林本身即是景观，但现代景观的组成除了园林的基本成分外，还有社会的以及人类自身的因素。如图1.1展现的就是一幅自然人文综合景观，有树木、花草、水体，也有雕塑、凉亭、坐凳、栏杆以及人的活动。

图1.1　自然人文综合景观

二、景观与自然和人类

从本质上讲，景观是人类量度其自身存在的一种视觉事物，它因人的视界而存在。按照宗教的观点，景观是由上帝所创造，并且因上帝的视界而显现。在创世神话中，上帝创造了山川、河流和人，人由上帝安排在伊甸园中，园中有河流和各种树林、动物，景色非常美丽。起初，这些美景并不能由人所欣赏，直到亚当和夏娃偷食了善恶树上的禁果并睁开眼睛，这自然的美景才由人的视界转向真正美的景观（图1.2）。

图1.2　创始神话中的伊甸园

图1.3　人类的自然栖居

在中国古代观念中，自然中的树木、河流、山石等都具有神性，并且它们都能生长和循环。这种自然生命的生长成为一种与人的存在密不可分的事物，即人类与风景（自然景观）之间，从一开始就有着十分深刻的联系，人必须依附着它。

其实，远古的人类本身就是自然循环的一部分，因此他们很难对自然景观产生决定性的影响(图1.3)。不过，在漫长的自然栖居过程中，人类也在自然界里留下了他们的印迹。比如他们在自然洞穴外种植，用岩画记录他们的生活(图1.4)。自然界也就以此为起点，逐步发展起由人类所创造的"人造景观"。

随着人类的进步，城市与乡村产生分化，城市与自然逐渐分离，人们在城市中开始改变自然景观，使得人工景观在城市中愈演愈烈，最后喧宾夺主，从而引发了人们对自然的眷恋。热爱大自然是全人类的共同心声，于是人们将自然搬进自家的住宅，最后搬进城市，由美化庭院发展到美化城市。从古到今，人类开展了大量的造园活动，我们从被维苏威火山凝固下来的庞贝古城的庭园绿化中便可见一斑(图1.5)。城市美化运动经过不同时期、不同朝代、不同地域，演化到现在，表现为人们将各种自然景观融入人工景观之中，塑造人类所企盼的人造环境景观。

图1.4　古代岩画

图1.5　庞贝古城中的庭院

由此可见，自然在景观的组构中起着举足轻重的作用。而追求自然美、环境美是人的本能和天性。现在，回归自然的呼声此起彼伏，正是因为人们希望生活居住在鸟语花香的环境之中，但这并不等于他们都希望生活在乡村，而是人们对他们自己所处的城市环境有意见和不满。比如城市的杂乱无章、拥挤不堪、千篇一律、环境恶劣等现象丛生，这就需要我们城市建设者去改善城市环境，为市民创建一个理想的环境。

理想的环境应该是一个有秩序而且美丽的世界，即优美的城市空间。理想的环境是有序而美好的。有序也就是有秩序，如同自然界遵循自然规律一样，城市也必须遵循一定的秩序，才会避免杂乱无章。

秩序是指空间的体系从始点到终点达到动态平衡时的状态。一个有秩序的城市空间体系，才能产生其满足功能、达到美观的效果。为了理解这种美好的秩序含义，我们还可以将秩序视作一种关系来加以理解。所谓关系，实际上就是某些物质或空间之间一种相互的亲近关联，它往往是通过大与小、多样与统一等对比和谐的美学法则来实现。因为城市景观是通过各种要素，按一定关系所构成的。但这种关系，或者说是秩序，并没有固定的模式，当我们从空间的某一点到达其终点时，能够看到画面有一定变化但却连续不断，有明显的对比，但又具备微差的连续韵律，给人以较好的视觉感受，这就是秩序，它是靠一系列的点、线、面、体来加以体现的。图1.6的某大学校园，充分利用地形地势进行空间布局，从学校大门进入后的景观秩序，就反映了一种空间要素构成变化而统一，且画面连续而和谐的视觉效果。首先进入学校大门，有比较开阔的视线，正前方中段为一对景，矗立着建校65周年的纪念雕塑。第一区段，两旁行道树排列着整齐的松柏，左右分别为对称分布的109教学楼和行政办公大楼，两栋楼在造型、体量、材质、颜色上都形成比较明显的对比：二者形态不同（109楼呈T字形，办公楼为L形），楼层相同（均为3层）；体量不同（109楼显大，办公楼显小），地基高差不同（109楼由平地起，办公楼升2米）；材质不同，色彩不同（109楼由红砖砌成，办公楼由灰色毛石块堆砌）。绕行纪念雕塑进入第二区段空间，道路两侧的方形树池中对称种植着高大的塔松和草坪，外侧分别对称处于不同地坪高度的102和103实验教学大楼，它们的形态、材质和色彩相同，呈凹形对称布置，由红砖砌成，虽然二者地基的地形高相差2米，但通过楼层的不同却取得了立面上一致的建筑平等高度；前方沿中轴线拾2米台阶而上进入三区段，正面对景为101教学大楼，端正位于中轴线上，坐南朝北，形态呈凹形对称，它与二区段的实验大楼在颜色和材质上取得一致，并相互对称构图，楼前形成广场，两侧对称分布花台绿地，一片碧绿的草坪之中对称种植有造型优美的雪松和松柏。然后进入101楼内部空间，可穿行通过楼道，进入后面的第四区段空间，眼前豁然开朗，左侧为105实验大楼，右侧为一片开阔的自然绿地和水

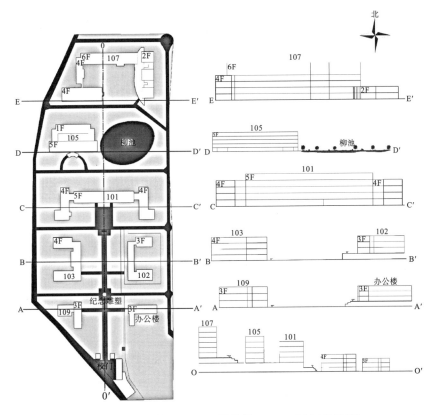

图1.6 某大学校门——101教学楼——107广场（教学楼）

体，二者形成硬质与软质、虚与实的对比。穿行于 105 楼与绿地之间向北继续行进至 107 教学大楼及前广场，进入第五区段。107 教学大楼是一个三面围合，向南敞开呈凹形的广场空间，它连接南边的大片绿地，课余时间同学们常常在这里活动，而 107 楼本身的设计较有特色，整体形态上呈不对称空间组合，各部分空间灵活多变，凹形划分出的 1、2、3 区无论是外观还是内部都各不相同，并在西北侧设置了半开敞的内庭院落和连廊，其丰富的环境空间给人的印象极深。该校园进入主入口，从南到北，这一连串的空间变化，虽说不是十分完美，但几个区段相互形成形态、材质、颜色、高度等横向的对比和统一，而纵向上相互联系，由低到高，对比统一呈现规律的连续变化。最后过渡到高潮，其空间变化令人心情愉悦，看上去井然有序。

因此，理想的环境就是有序且美好的，有了这个有序而美好的环境，人们才能不畏劳碌而得以"诗意地栖居"。它强烈反映了人们的欲望和审美。

三、景观的层次性

通过上述对景观概念多角度的讨论，从当前有关景观的研究和实践的发展来看，景观概念中蕴含着三个不同的层次：①景观感受层面，指追求自然与人工形体对人的视觉感受和心灵感受，它是景观研究中最基本的追求；②文化历史与艺术层面，指景观环境中的历史文化、风土民情、风俗习惯、传统艺术等，它们与人们的精神生活息息相关，直接决定着一个地区、城市、街道的风貌，对于创造特色景观至关重要，而特色景观也是景观设计孜孜不倦追求的目标；③环境生态层面，指在景观设计中对大地的利用，包括水体、动植物、地形、气候、光照等人文因素、自然因素在内的从资源到环境的分析，追求人类与自然协调发展的生态观念，构建健康的心灵环境，形成可持续发展的景观，即注重景观的生态化与资源化。

景观概念的三个层次都存在对艺术的追求，而这种最高的追求自始至终贯穿于景观的三个层次之中。

因此，景观作为一种视觉形象，既是一种自然景观，又是一种生态景象和文化景象。景观是人类自然环境中一切视觉事物和视觉事件的总和。

第二节　城市景观的概念、特性与构成

人们常常把城市景观单纯理解为愉悦视觉的"观景"或"市容"，或者按照 20 世纪"造园"或"造景"的本义去解释城市景观，然而这都不足以说明现代城市景观的概念。现在的城市景观概念及其含义已大为扩展，它已经与长期附庸于城市规划的城市设计一同成为相互沟通联结，致力于城市环境改善和创造的系统工程。

一、城市景观的概念及其要素

1. 城市景观概念

城市景观，是指在城市范围内，各种视觉事物和视觉事件构成的视觉总体。尽管城市景观的概念较为简单，但它所包含的内容十分丰富，表现的形式复杂多样，涉及的范围比较广泛。

简而言之，城市景观是指人的眼睛能看到的城市的一切。其范围大到可以包括整座城市在内的开阔空间、宏观景物；小到城市中的一个局部小空间、微观景物。从内容上讲，城市景观包括城市中的各种建筑、设施、道路、广场、桥梁、公园、绿地、小品、地形、地貌、气候、山水、民族风情、地方习俗等，以及由它们共同构成的总体景象；从形式上看，城市景观可以表现为大尺度或小尺度，硬质或软质，开放或封闭，动态或静态，自然或人文形式等。

因此，有人认为，城市景观是一门涉及多元关系的综合艺术。因为城市景观主要是通过人的视觉去感受，为了获得良好的视觉效果，必须讲究景观的艺术性；另外前面讲到关于景观的层次性也完全适合我们对城市景观的认识，实际上城市景观设计就是一种对艺术的追求。对于理解城市景观多元关系，英国规划师戈登·卡伦在《城市景观》一书中写道："一座建筑是建筑，两座建筑是城市景观。"即对城市景观这门综合艺术的多元关系进行了精辟解读。如图1.7所示的美国纽约市的两幢建筑，它们若单独存在，也不过是一个现代建筑，一个古代建筑。然而，当这两座新老建筑摆放在一起时，却通过对比的手法突出了历史建筑的形象，构成古今和谐的建筑景观。在这里，现代建筑的设计设置了玻璃幕墙增加对历史建筑的反射，增大其体量，起到对历史建筑的强化作用，从而淡化了现代建筑的存在，充分运用多元关系艺术原理达到了现代城区保护历史遗址的设计目的。再如，位于芝加哥河畔的两栋建筑——多瓣圆形公寓塔楼，采用重复和并置的手法强化建筑的形象，增强了视觉效果(图1.8)。图1.9为纽约曼哈顿两幢摩天楼的夜景，左边为帝国大厦，二者形态相似，灯光色彩迥异，但看上去却是如此和谐。

组成城市景观的各种因素绝不是孤立的，它们必然相互关联，甚至相互依存，只有将各种因素进行综合设计，综合组织，才能形成优美的城市景观。所以，我们可以进一步认识：城市景观是城市中各种视觉事物及事件与周围空间组织关系的艺术。

通过对城市景观有关概念的介绍，我们认识到：城市景观是城市给予人们的综合印象和感知，也就是城市这一客观事物在人们头脑中的反映。

凯文·林奇曾经说过："城市景观是一些被看、被记忆、被喜欢的东西"，这当然是指那些好的、美的景观。优美的景观不仅可以给居民多方面的满足，还可以引导人们产生强烈的忠贞、骄傲与爱国之心。因此，城市景观在一定程度上可以反映城市地域的物质文明与精神文明的建设水平，具有重要的社会意义和环境意义，因而受到人们的广泛关注，已经成为城市环境建设、城市规划与城市设计的重要内容。

图 1.7 纽约一古一今建筑   图 1.8 多瓣圆形公寓塔楼   图 1.9 曼哈顿摩天楼

2. 城市景观三要素

城市景观要素应包括景物、景感和主客观条件，三者缺一不可。

1) 景物

景物是城市景观形式的本质，不同的景物通过不同的设计、利用与组合，可以形成不同的城市景观，也是构成城市景观的基本素材。

构成城市景观的素材，其具体包括的内容十分复杂多样，归纳起来有如下三方面：自然素材，指自然的各种地形、气候、光照、植物、水体、泥土、岩石及其他自然材料，如自然地形与土城墙，冬季园林中的大雪压着植物被，使园林结构变得鲜明美(图 1.10 和图 1.11)；人工素材，主要指建筑物和各种人工设施，城市中以人工素材构成的城市景观为主(图 1.12、图 1.13)；事件素材，指那些正在发生的视觉事件，如人的活动，动物的活动等(图 1.14~图 1.16)。由此，景物实际上包括了城市不同的自然景观、人文景观和社会景观。它们相互作用、组合使城市景观呈现出不同的表现形态，如物理形态(固态、液态、气态等无生命的景观要素)，生物形态(人、植物、动物等活的有机体)，文化形态(不同的地域文化、时代文化、饮食文化、商业文化、传统文化、现代文化等)。总之，景观的文化形态是由思想观念、历史传统、社会习俗、聚居方式、地方情感等构成，它均可以通过景观要素反映出来。

图 1.10 自然地形、土城墙   图 1.11 冬季的园林

图 1.12　人工建筑及堤岸　　　　　　　　　　图 1.13　海洋剧场滑水表演

图 1.14　鲸鱼表演场　　　　　图 1.15　花园内杂技表演　　　　图 1.16　街头表演

2）景感

　　景感指人对城市景观(物)的感觉反映，不同的人对景观有不同的感觉反映，即不同的人其景感也不同。人的景感由直接景感与理性景感两方面组成。直接景感即景物通过人的眼、耳、鼻、舌、身等感觉器官的感觉反映，即所谓的五维感觉；理性景感指在直接感觉的基础上，通过直觉、想象、思维等的综合过程，从而产生对景物的认识与情感。比如当人们看到某种景物时，会联想起自己所熟悉的某种东西，或回忆起某些事件，然后通过联想，对此作出反应。拉斯维加斯是美国闻名全球的赌城和旅游胜地。如图 1.17 是拉斯维加斯幻景馆的一处水景观，由一个潟湖和一道高 15 米的瀑布墙组成，入夜后，瀑布水流在特殊的照明环境中会呈现出"火山喷发"的景象，不禁让人联想到真正的火山喷发时的壮观情景。

图 1.17　幻景馆夜晚的"火山爆发"　　　　　　图 1.18　自由女神像与曼哈顿

当看见自由女神像(图 1.18),马上就会与美国联系起来;当看见纽约世贸大厦就会联想到 2001 年 9 月 11 日的飞机撞击事件,美国从此失去了两栋标志性建筑。城市中的标志性建筑往往对城市景观和轮廓线的构成起着至关重要的作用,如图 1.19 所示。

图 1.19 为法国凡尔赛宫的局部和法国维朗德利园林。看见这些典型的西方几何式园林,必然会联想到东方的自然式园林,那不规则形态的水池,未经修剪的树木,随意摆放的山石,蜿蜒曲折的园路,湖面的小桥……一切是那么的自然和谐(图 1.20)。

图 1.19   法国凡尔赛宫局部(左)和法国维朗德里园林(右)

图 1.20   自由式园林

由此可见,人对城市景观的这种理性感觉实际上是一种可更改的知觉形式,即所谓的"触景生情""云想衣裳花想容",可以把自然景物想象成某种具有人性的东西,甚至会产生"身临其境"的感觉。因此,理性景感可以说是更高一级的感受方式。

3)主客观条件

主、客观条件指城市景观要素中的主观条件与客观条件。城市中的自然景观、人文景观和社会景观就是城市景观构成中的客观条件;而人对景观鉴赏过程中的时间、地点以及鉴赏人的年龄、兴趣、职业、知识等差异,还有社会的文化、科技、经济等情况,则是城市景观的主观条件。显然,主客观条件既是城市景观的制约因素,又可以促进和强化城市景观，这显然与城市的经济水平、科学技术、自然条件、民众素质、文化传统以及政策法规有关。

图 1.21 是浙江绍兴一个具有历史传统风貌的水乡城镇。河道发育，民居依河而建，但因缺乏生态绿化，使滨水带呈现出光秃秃、干巴巴的空间环境，景观毫无美感，这种缺乏生态绿化的传统风貌是不值得继续倡导的。显然，这是在自然、历史条件的基础上，主观条件成了一种制约因素。

图 1.22 是江苏泰州姜堰区的三水河，它是一条调节河水位的人工河，两岸绿树成荫，充分利用了环境的空间进行绿化，是游憩休闲的好去处。

图 1.21　缺乏绿化生态的滨水带　　　　图 1.22　姜堰区的三水河

图 1.23 是美国加利福尼亚的"苏州水乡"居住区，完全按照苏州水乡形式设计，湖岸自由延绵，水面有宽有窄，房屋临水而建，白墙灰瓦坡屋顶，楼层不高，靠水边再堆放三两块石，完全依据中国园林的做法；湖岸及沿湖道路均进行生态化处理，不用水泥、混凝土或石块砌坎，而是种植植物，采取自然入水手法，完全以自然形式创造出一种临水而居的人间仙境。这便是一个主要依靠主观条件强化形成城市景观的典型案例。

图 1.23　美国加州的苏州水乡居住区，小区沿湖道路与湖岸、水边的生态化处理

二、城市景观的构成类型

我们已知，城市景观是由城市环境中各种相互作用的视觉事物和视觉事件所构成，但

由于这些视觉事物和视觉事件的多样性特点，从而决定了城市景观具有构成上的复杂性。为了规划和组织好城市景观，更好地展现城市美，我们需对其进行分类。

城市景观按不同的分类标准可以分为不同的类型，如按功能作用可分为居住区景观、商业区景观、工业区景观、文教区景观、街道景观等；按空间形式可分为城市整体景观、城市街区景观、城市广场景观等；按组成内容可分为建筑景观、水体景观、植物景观、地貌景观、气象景观等；按环境特性可分为滨水景观、住区景观、历史景观、绿地景观、娱乐景观等。

由于景观构成的复杂性，我们无论按哪种标准分类都很难包容那无限多样性的城市景观类型及现象。所以，在此我们只能按照一般的方法，认为城市景观是由自然景观、人文景观和社会(活动)景观三种类型构成，因为只有这种分类标准所包括的景观内容才是最为全面的。

1. 自然景观

自然景观是城市固有的自然环境形态，是山水、地形、地貌和气候条件等影响下的城市环境表征。它具体由山、水、动植物和云、雨、风、雪、光、气等景观组成。而云、雨、风、雪、光、气等自然景观一般是不能被改变的，若能利用得当，也是极其重要的景观资源，能为城市创造独特的景观效果，如高山云海、佛光，海边日出、海潮，冬天的冰雪等。

山、水、植物等是城市中常见的自然景观，可以经过人工改造。具有山水风光的城市更具这种得天独厚的自然景观资源，它常常成为城市主体轮廓的骨架。任何一个城市都是一定的自然、地理和气候条件的产物，也是城市布局和发展的依据与基础。所谓"山顶造景构成城市景观视觉的焦点，水体岸边旷地铺展构成城市景观的长卷"，说明自然景观为城市形象提供了独特的先天条件，为城市的设计和城市景观的塑造提供了依据。如澳大利亚堪培拉市，充分利用了城市山、首都山、国会山这三座山构成的等腰三角形格局，形成了城市的总体布局，城市的整体景观就在这个等腰三角形格局的基础上给人留下深刻印象(图 1.24)。城市山一带为城市的中心区，城市的政治、文化、艺术中心建于国会山一带，其主体建筑——议会大厦并非耸立在国会山顶，而是依偎着国会山，保持着山形，用两片曲墙与山形相呼应，并与放射形大道相呼应(图 1.25)。

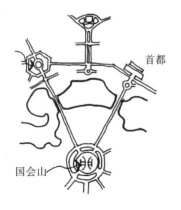

图 1.24 堪培拉城市格局

图 1.25 议会三角区鸟瞰

　　再看巴西的里约热内卢和巴西利亚两座城市。里约热内卢是巴西旧首都，位于大西洋滨海丘陵地带，其整体格局主要受到山体的限制，但依然是一座依山傍水，自然如画的美丽城市(图1.26)。新首都巴西利亚是目前世界上按照统一的城市规划建造起来的一个登峰造极的例子。城市处于比较开阔平坦的内陆地区，总体布局形如一架飞机，两翼是住宅区，机身是主要公共建筑，人工湖环绕大半个市区，平坦的灌木和森林无线延伸，使其在规划设计与现代技术的共同作用下，形成了舒展、开阔、规整、气派的宏大景观，给人留下深刻印象(图1.27)。

　　这两座城市代表了人类与景观之间关系的两个极端。一个充分利用自然环境条件创造了与自然和谐的美丽景观，另一个是在人工作用下创造了美丽的景观。这表明对于缺乏先天自然景观的城市就必须下大力气来人工塑造城市景观。

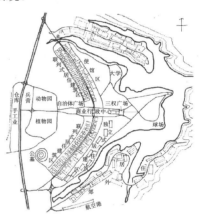

图1.26　里约热内卢　　　　　　　图1.27　巴西利亚总平面

　　我们很多的城市都有可被利用的自然条件。比如杭州的西湖、桂林的山水、武汉的江流、哈尔滨的冰天雪地等。在城市规划和城市设计中只有对这些自然条件加以保护利用，才会使城市增光添彩。

　　众所周知，哈尔滨是典型的寒带城市，正是这寒冷的气候造就了人们独特的艺术创造——冰雕艺术。冰雕艺术每年在特定的时期都会为这座城市景观增添无穷的魅力，它把天然冰雪与灯光色彩巧妙地融合起来，使人们犹如身处水晶宫般的环境之中，获得一种至美的心灵感受(图1.28)。

图1.28　哈尔滨的冰雕艺术——冰灯城堡

图 1.29 为哈尔滨的文化公园,人们利用天然的冰天雪地塑造了独特的景观。把无数红伞置于冰天雪地之中,无数条红绸带在树间缠绕游动,这一人为设置的临时性景观为公园寒冷寂寞的环境注入了充满活力的、全新的临时性主题——大地走红。红色行走在大地上,如同"好运"行走在大地上,当人们来到这习惯又熟悉的环境中,一定会被这一新的主题所吸引,为新的景观所激励。

图 1.29　哈尔滨文化公园中的红伞与"大地走红"造景

以上例子说明,只要我们善于观察和思考,很多自然景观都会为我们造景所用。

2. 人文景观

人文景观包括各种人工景观,它是城市中的主要景观(图 1.30),如各类建筑、街道、构筑物、小品、雕塑等人工设施,以及历史文物古迹;各种与景物相联系的艺术作品,如诗文碑刻等;各种人造的对山、堆石、凿洞、挖地、人工瀑布、叠水和绿化等,都是构成城市景观的主要部分,其优劣直接影响城市景观质量的好坏。

现代高层建筑   住宅区建筑

扇形休息廊架

起伏的道路

城市公园

城市公园

图 1.30　现代城市中的人工景观

如建筑群组成的轮廓线，是横向舒展的中间低四周高，还是横向收敛的中间高四周低；是高低起伏变化多端还是单调平淡缺乏美感，均会给人不同的景观面貌与感受。

又如城市中的历史建筑，它反映了城市发展的足迹，不但具有文化意义，还能满足人们的心理需求；而新建筑在景观上又可以体现现代的科技成果，给城市赋予时代的气息，因此，城市中人工景观的建造应注意与城市历史景观和谐相处。当需要将新旧建筑结合在一起时，若能精心设计与组织，便可以相得益彰，凸显城市景观的丰富多彩。

图 1.31 的城市景观位于曼哈顿南端，它曾经是当时从欧洲来北美的移民最早的登陆点之一。图中前面两幢红砖建的小楼是当年的重要建筑，一直保留至今。在它们的背后，紧接着建有钢结构反光玻璃饰面的现代摩天大楼。由于在一大片海滨空间中，两栋建筑处于最中心的位置，所以它们在高楼大厦的压迫下，并没有显出任何窘迫，恰好是在体量、色彩、形态、材质的悬殊对比之下，显得更加耀眼。

图 1.32 却表现出新的建筑破坏了城镇的传统风貌。图为湖南永顺县城，灰色的瓦顶和褐色的木结构统一了全城的形式，呈现出一片祥和，间或有巨大的屋顶引起惊奇，但却有一些新建筑与之格格不入。因此，在旧城区改造过程中我们应注意新旧建筑的统一协调。

图 1.31 曼哈顿红砖小楼与摩天大楼　　　　图 1.32 湖南永顺县城

3. 社会景观(活动景观)

社会景观是以人与社会为内容的景观,如社会习俗、风土人情、街市面貌、民族气氛等,都是形成城市特色的因素,也包括人本身。而这些景观通常是以城市居民日常生活的习惯方式,如衣着服饰、精神风貌表现出来,也通过地方风俗民情的活动反映出来。所以,社会景观又称为活动景观。同时社会景观也反映出城市是运动的、活跃的、有生命的一面,会给人留下深刻的印象,具有很强的吸引力。如商业闹市区熙熙攘攘的人群,居住区中浓郁民俗味的市民生活,各种反映地方文化特征的集会游行活动等(图 1.33 和图 1.34)。

图 1.33 商业闹市区熙熙攘攘的人群　　　　图 1.34 滨湖广场上晨练的人们

类似的活动在世界各地大量存在,如意大利锡耶纳每年 7 月都会在坎波广场举行传统的赛马活动(图 1.35),耶路撒冷伊斯兰教大型圆顶建筑大清真寺广场上的朝圣活动等(图 1.36)。现如今,我国越来越多的城市利用活动景观对人们的吸引力,为城市经济发展服务,如少数民族每年的一些节日狂欢活动,以及许多地方的花灯节、花卉节、龙舟节、服装节、冰雪节等,都为城市景观增添了迷人的色彩。特别是一些城市民俗活动,得到了保护和发扬光大。

风俗习惯形成的景观包括民族传统、节日、服装、用品等内容,它们是无形的约定俗成,但同样会对城市面貌产生影响。春节期间北京的广甸集市、广州的花会、端午节广东等地的赛龙船、广西壮族的三月三歌会、潍坊的风筝大会、洛阳的牡丹花节、许多传统小城镇的庙会等,都是城市特点的重要部分。它们不但是游客最喜欢的项目,也有助于人们认识民族传统，促进人们交往。

图 1.35　坎波广场举行传统赛马活动　　　图 1.36　耶路撒冷大清真寺朝圣活动

景观设计要善于发掘和组织这些活动，将其纳入空间组织中去，如设置相应的传统商业街(如上海城隍庙、北京琉璃厂等)，广场(如甘肃宁夏清真寺前广场)，码头(如广东顺德的西江码头)，使这些活动更加吸引人，形成景观。

城市景观的三大类型如图 1.37 所示。在城市景观设计中若能综合组织、科学合理地利用以上三种景观，对提高城市形象和城市环境质量将能起到十分重要的作用。比如，注重对自然景观进行保护和利用，对人文景观进行保护和创造，对社会景观进行挖掘与组织。

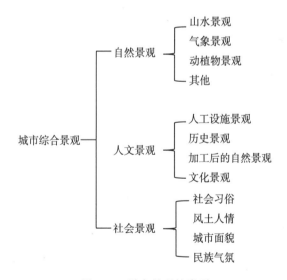

图 1.37　城市景观的类型

三、城市景观的特性

1. 生长性

世界上许许多多城市都已有数百年乃至上千年的历史，而且还在不断地发展和更新，延续着它们的生命。现如今的城市展现在人们眼前的景观面貌肯定较过去有很大的差异，甚至完全不同，因为它是经过漫长的历史变迁逐渐形成的。城市多局部空间、各组成要素在历史变迁中都会随时间变化和发展。所以在构成城市与城市景观的众多要素中，有很多内容是无法像一栋建筑那样在较短的时间内建成。不仅城市建设的时间跨度往往很长，而且城市始终处于新陈代谢的过程之中。如 20 世纪末成都市的景观环境与现在相比就有巨大的变化，而这种变化反映在构成景观的各个方面，如广场、街道、绿地、建筑、道路、桥梁和城市小品等。又如某大学校园，现在的校区范围与 20 世纪 80 年代相比有很大变化，总体面貌也发生了翻天覆地的改变(图 1.38)。

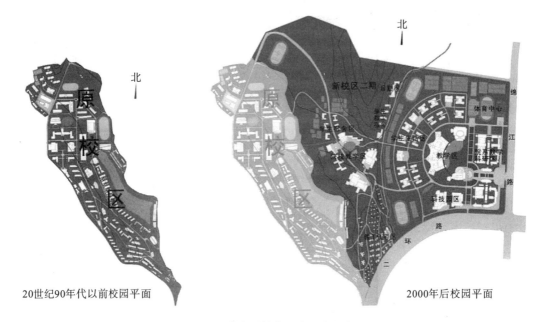

20世纪90年代以前校园平面   2000年后校园平面

图 1.38　某大学校校园发展中的变化

　　因此，城市景观不可能像修建建筑那样一步到位，它有一个生长的过程，这种生长性便是景观的一大特点。主要体现在以下两个方面。

　　1)景观作为一种生物的生长

　　构成景观的诸多要素总是在不断的变化之中，其中以花草树木等植物的表现最为突出。植物是具有生命的活物，它会生长繁衍、成长壮大，而植物又是构成景观的主要成分，几乎各种场景都离不开它。随着它们连续不断地生长变化，必然导致景观的改变。如苏州留园北山顶上有一小亭，名为可亭，旁边种植有一棵生长缓慢的银杏树。大约 200 年前，当时小亭与银杏树的比例还十分适宜，且二者的小体量也正好显示出山体的高大，所以整体景观构图取得了设计预期的效果。但时至今日，银杏树蔚然长成了参天大树，从而显得亭小、山矮，景观构图比例严重失调(图 1.39)。这是由于植物在较长时间中发生生长变化，其生长性导致了起始的设计意图与现在整体景观的不协调。同样，植物的生长在一年四季的较短时间中也会有明显的景观变化。如它们随着季节的更替，会给人带来春夏秋冬鲜明的景观对比，我们可以看到景观的显著变化，这实际上也是植物的另一种生长变化而带来的有利的景观变化(图 1.40)；又比如早年用砖红色砖体砌成的建筑墙面陈旧而刺眼，但当墙面上渐渐爬满了藤蔓植物后便显现出植物生长的美感(图 1.41)。

图 1.39　随时间推移亭与树的比例失调

图 1.40　某校园梧桐大道植物生长的四季景观变化

图 1.41　植物对红砖的柔化作用

水也是具有生命力的景观要素，如江河、溪流在丰水期与枯水期水量的变化会导致景观的变化。在长江上游的重庆市涪陵区江段中有一著名的水文古迹，名为白鹤梁的石迹(涪陵石鱼)。它常年被水淹没，只有冬、春枯水季才露出梁脊。它是古人充分利用江水的变化规律记录江水涨落的一处水文古迹景观，是一处十分重要的历史文物。再如著名的钱塘观潮，只有在每年夏季水量充沛的时候才能看到那宏伟壮观的一幕。在四川彭州市的银厂沟风景区，各种各样的瀑布群是其主要的景观之一，但它们并非一年到头都能看见，因为它们是靠西部冰雪融水汇集而成，只有每年的五六月份，水量最充足的时候，瀑布景观也最为多姿、壮观。另外，还有海水的潮起潮落等景观现象，都说明了水的生命力随时间的变化。只不过现在人们所看到的水体景观大多数是经过人工设计和控制的，即便如此，它也使景观充满了动态活力。

2)景观作为一种文化的生长

把文明作为优良的文化积淀起来，必要的新陈代谢是城市前进的过程，而城市的景观必然会反映历史的、传统的和现代的地方文化，综合表现城市文化。一座城市的文化离不开时间的沉淀和积累，它也需要随时间的发展逐渐走向丰富、走向成熟。如果我们将现在的纽约时代广场与20年前相比较，会发现其变化十分惊人。图1.42中除了建筑、车辆等的变化外，主要是它的广告文化尤为突出。时代广场最有名的也就是这片广告体，每隔几十秒便会更换一次广告内容，这里也是每年圣诞节大游行的终点。2014年11月19日，北美最大最昂贵的一块广告牌在美国纽约时代广场"亮灯"正式上岗。这块高像素电子广告牌面积约2320平方米，足有8层楼高，宽度横跨整个街区，长度堪比足球场。这块巨型电子广告牌拥有2400万像素，是全球同等型号的电子广告牌中像素最高的。

图1.42　1987年(左一)和1997年(左二)的纽约时代广场与新现代的时代广场(右)

许多城市中心的广场或公园，在数十年前大都为一个半封闭的空间，四周设有围墙，设置有出入口，大都实行公园管理收费。现如今，城市公园基本已经将围墙全部拆除，成为开放式的公共空间和公园绿地。城市景观前后大有改观，这也是文化进步与发展的表现。这种文化的生长变化完全顺应了城市社会发展的需求，满足了市民日常生活活动的需要。

景观的生长特性是我们进行景观规划设计时必须引以重视的一点，特别是对有生命的活物设计时，应对其生长发展后的景观效果有一定的预测，以免景观面貌往不好的方向变化。著名建筑师贝聿铭曾经说过："我们只是地球上的旅游者，来去匆匆，但城市是要永远存在下去的。"所以，城市规划师、城市设计师和建筑师都要在自己这一代努力为城市"锦上添花"，要为时代创造可持续发展的景观，而不是"将遗憾留给人间"。

2. 五维性

城市景观总是以物质、生物、文化等形态表现出来，人则是通过眼耳鼻舌身以及思维之后获得感知，而人的眼耳鼻舌身分别对应着人的五类感官，即视觉、听觉、嗅觉、味觉和触觉。

城市景观之所以能被人的五大感官所接受，就是因为景观具有五维特性，并且每一维都以其特殊的物质存在形式对应着人的五大感官，如表 1.1 所示。

表 1.1　景观空间的五维性

空间景象	维度	物质存在形式
有形景象	视觉维	光波(形象、色彩、质感……)
	听觉维	声波(风声、雨声、水声、动物叫声……)
无形景象	嗅觉维	气味(各种香气……)
	味觉维	味道(酸、甜、苦、咸、辣、麻……)
	体觉维	温度、湿度、时间、气流、质感……

从表 1.1 可知，景观的五维有的是有形的，有的虽无形，但却可以通过相应感官直接感觉到。如视觉维以光波存在的方式向人们传递视觉信息，形成有形的形象；听觉维以声波存在的方式向人们传递听觉信息，形成无形的形象。任何一种景观，要给人们以美观、完整的形象，都应该是这五维感官同时作用的结果，否则将是不完美的。如"鸟语花香"仅靠视觉维是无法体味到的，植物随着季节变化的景象不通过视觉维是很难感受的，波涛汹涌的浪潮必须伴随着听觉维才能真正体验到它的壮观。凡此种种，我们在日常生活中都能体会到，缺少某一种感觉器官的景观场景都不完美，因此五维性对于人们感受完整的景观是十分重要的。

但我们必须承认，在人的五大感官中，人的视觉和听觉更为重要，因为它们所摄取的消息占人类通过感官摄取的信息总量的 90% 之多。所以耳朵或眼睛有残疾的人对于再好的景色都无法完整地享受和体验。因此，当我们在庆幸自己是一个健全人的同时，更应该同情和关心残疾人。其实这也是一个人，乃至一个社会文明程度的体现。

尽管在接收信息方面，人的视觉和听觉很重要，但它们又与人的行为有关。对于人的行为活动分析来看，当人处在直立状态下，他的器官感觉基本上是以向前和水平方向为主，将这一结论应用到景观设计中，就需要对地面的处理格外的仔细。尤其要注意的是，景观空间和建筑空间不太一样，建筑空间是三面围合，即底面、顶面和四周，除了地面还可以有其他视觉吸引物，而对于景观空间，如广场、街道、公园、绿地、游园等，顶面往往是泛空的，周围有树或其他东西，因而对地面的感受量就比较大，所以在城市景观设计中很重要的一点就是做好铺地。另外，人在直立时，可同时瞥见左右各 90° 范围内的事物，而上、下观看的范围比左右狭小。当人在行走时，向上看的视野会减少，而习惯观看前方偏下的事物，并且几乎在同一水平面上，这也说明地面铺地很重要。所以，剧场中楼座的票价往往比较廉价，因为坐在楼座的观众无法以正常的方式去欣赏表演，同理，更没有人愿意坐在比舞台更低的座位上。这些原理同样应该运用在景观环境设计中，为人们创造良好的景观观赏空间。

人类的嗅觉通常在2~3米的距离内发生作用。而人的耳朵在7米内是相当灵敏的，超出这一范围人们就很难进行正常的对话；不过，人在35米的距离内可听清演讲或建立一种问答式的谈话关系。因此，听觉就有7米和35米两个尺寸。在进行景观规划设计时，这些数据均应加以考虑，以便为人们的五大感觉创造所能接受的有形的和无形的各种信息，构成完美的景观形象。

这里需要指出的是：人对景观的感受除了上述各大器官外，还有一个重要的方面——心灵感受。常言道，景观体验一重视觉亲历，二重心灵感受。因为，尽管景观体验反映了人对环境的直觉反应，但它还受到特定的文化、社会、哲学因素的深刻影响，如人的信仰、思维方式、生活方式、文化素养、艺术品位，甚至当时的情绪等。而这些因素常常在人对景观的直觉感受之前发生作用，往往决定了人对景观的态度。凯文·林奇就是从一个游客的角度同时在视觉和心理层面上对城市景观进行研究的学者。他认为，城市空间结构不应只凭客观物质形象和标准来判定，还要凭人的主观感受来判定。

同一景观如果被不同的人或人群感受，产生的体验通常也存在明显的不同，心灵印象以及唤醒的情感都会有很大的差别。例如，面对一片废墟，对某些人来说象征着往日的辉煌，而对另外一些人来说则意味着孤寂和伤感。圆明园留下的残垣断壁即是一个最好的例子(图1.43)。当年的外国侵略者看到它就会想到他们昔日的战果，而中国人看到它就会感到耻辱和伤感，进而激发强烈的爱国之心。一座花园，在富裕的人眼中具有某种美学价值，对清贫的人来讲，它主要的功能是种植蔬菜和药用植物。当人的心情很好的时候，会觉得平常一般的景色变得格外美丽，而情绪很差的时候，再美好的景色在他眼中也会变得平平淡淡，甚至视而不见。

图1.43　圆明园废墟

很明显，人对城市景观的感受应该是人的器官感受加上人的心灵感受、思维活动等的一种综合反映。如果在做景观规划设计时能把这一方面很好地融会贯通，将会成为一位优秀的设计者。

四、城市景观与其他

1. 城市景观与城市设计

城市设计是一门关于城市建设活动的综合性专业门类，是城市规划实施的补充和深化，它不仅要体现自然环境与人工环境的共生结合，而且还要反映包括时间维度在内的历史文化与现实生活的融合，从城市形体艺术和人的知觉心理的角度对城市空间环境进行设计。在具体的空间布局组织上，主要是由贯穿于整个城市开敞空间的景观来控制协调的，显然城市景观规划设计应该是城市设计的重要组成部分。

作为城市设计内容的一部分，应该说城市景观与城市设计具有共同的价值取向，即满足人在城市环境中心理和物质上的需求，尤其要考虑城市公共活动中人的交流和居民对环境的反应。城市设计只有抓住景观的规划设计，才能为人们创造出不仅方便高效、舒适宜人，而且风景优美并富有文化内涵和艺术特色的城市空间环境。因此可以说，城市景观是城市设计的基本内涵，是评价城市设计方案的标准之一，也是城市设计的最终结果。城市设计的目的之一就是要获得良好的景观效果，打造城市形象。

2. 城市景观与城市空间

城市景观与城市空间均为城市设计的重要内容。从广义上讲，城市空间是由城市建筑、构筑物、道路、绿地、小品等各种实体组合而成，包括室内（明）与室外（暗），地上与地下相结合的整体。

但这里主要是指由这些实体组成的外部空间，即为城市空间，它们大体分为半公共空间和公共空间。作为城市的精华，这些空间包容着人们的各种活动，给人们生活带来安定与欢悦，使人们产生对城市的印象和情感。所以，作为一个空间仅仅为人们提供一块场地是远远不够的，必须涉及多种实体的环境，以构成丰富多变的空间景观，满足市民的视觉审美要求，满足人们的各种活动。而这些实体也正是城市景观的组成要素。

由城市景观的概念可知，城市景观既包括城市中的各种实体，同时也包括了由这些实体组成的外部空间，因此可以说，景观的概念远大于空间的概念。所以，尽管城市景观设计常与城市空间设计联系在一起，但它又不等于空间设计。当然，我们认为空间是城市景观中第一位的重要因素，没有空间就没有景观，更没有景观设计存在。空间设计通常是以物理方式来确定事物的存在方式（二维、三维或四维），它牵涉光波及时间对人的作用，常不足以表达景观对人的心理感应。而城市景观规划设计常常是在此基础上，从五维的角度重点地、深入地、综合地运用城市艺术与技术等手段，从绘画、雕塑、音乐及建筑等方面，改善城市环境，创造优美宜人的空间景观。我们可以这样来理解，城市设计往往是从"open space"（开敞空间）入手，配合这一空间再把建筑一个一个放进去，然后再考虑一些景观形象问题。当然，景观设计必须从整个空间环境去考虑，包括空间形态、类型以及组成景观的各种实体。

如图 1.44 所示，湖南省常德市站前广场按照城市开发建设的需要，不仅具有停车、疏散等交通功能，还承担了城市广场的功能，总占地 6 公顷 (交通占 2 公顷，广场占 4 公顷)。设计时，在几条道路围合的空间内，较少考虑建筑立面，利用建筑、道路界定空间，而是主要考虑形象与景观问题，通过景观轴线展示整体感。按常规，这样一个形状规则且又较大的空间，通常是将其设计成中心聚集型或雄伟宏大型，但最后设计方案却采用了局部下沉的平易近人型空间，广场的空间序列呈由低到高，旅客一出常德站，便可由高到低俯瞰全局，并通过景观轴线使视线可延伸 5 公里。这是一个总体景观的集合，它由树林、雕塑、水体、花坛、廊架、石柱、休息亭、草坪、下沉式广场等局部景观构成 (图 1.45)。

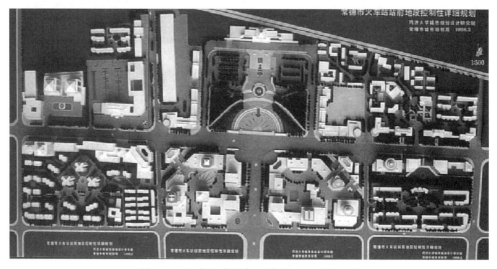

图 1.44　湖南省常德市站前广场及周围地带

图 1.45　湖南省常德市站前广场模型

3. 城市景观与城市开发

城市开发 (urban development) 是指以城市地利用为核心的经济活动，它以城市的经济和社会发展为背景，通过劳动和资金的投入，满足工业、商业、居住、娱乐交通等各种城市活动对土地使用的要求，因此它主要是一种有目的的物质建设过程。

城市的开发活动自古有之，城市也可以说是在不断的开发之中壮大长成，所以城市的开发必然会对城市的景观造成影响。城市开发对城市景观的干预作用主要表现在以下几方面。

(1)城市开发引起城市景观的差异。随着城市的开发、建设和发展,旧景观不断消亡,新景观不断涌现,也即景观的新陈代谢,如纽约时代广场广告景观的变化。看看我们所在的城镇,从我们小时候到现在都经历了家乡城镇的变化,而很多城镇的发展日新月异,所谓"一年一个样,三年大变样",正好说明了城市不断的发展和变化,必然带来城市面貌的改观(图1.46)。

图1.46 上海陆家嘴城市面貌

又如,随着城市的开发、建设,城市尺度也在发生变化,即城市用地面积,人口数量都在逐年增长。随着城市的构成复杂化,尤其是建筑数量越来越密多,高度越来越大,使得城市的轮廓也会发生改变,图1.47和图1.48为美国纽约曼哈顿城市天际线在不同时期的变化形态。其实这些变化在我们自己身边的城市中就能够明显地感觉到。

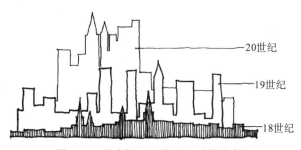

图1.47 曼哈顿天际线不同时期的变化

图1.48 曼哈顿景观轮廓线

(2)城市开发促进城市景观的多样性。例如,对城市土地的开发利用,在平原城市我们可以通过堆土成山、积水成池等手段创造一些丘陵城市,甚至山区城市的景观面貌;而在山地城市我们也可以制造一些平原城市的景象。又如城市旧区以浓厚的传统风貌为主要特色,而新区则是另一番景象,使城市表现出新旧面貌"和平"共处的整体景观。如图1.49所示,右前为伦敦城堡,背景为金融区。现代建筑与历史建筑和谐共存,构成了一幅生动的画面。又如匈牙利首都布达佩斯(图1.50),它有"东欧巴黎"和"多瑙河明珠"的美誉。布达佩斯被多瑙河一分为二,布达位于河西岸的山地上,道路网呈自由式;佩斯坐落在东岸的平原上，道路呈环形放射方格网式，因此，多瑙河便成为一条自然景观的分界线。而这座城市整体景观也呈现出一种大尺度的空间对比效果。西岸建筑依山而建，形成优美的景观轮廓线；与其相对应的，东岸以国会大厦为中心形成了美丽的滨水景观建筑群。河上几座精心设计的桥梁将两岸有机的连成一体，形成了布达佩斯协调统一的整体景观形态。因此，布达佩斯又被誉为"多瑙河上的王后"。第一次世界大战期间，城市遭到较大破坏，但在战后恢复及后来的经济发展中，主要城市景观按原样进行了修复，因而城市的景观特色得以保持。

图 1.49　伦敦新旧区面貌和平共处

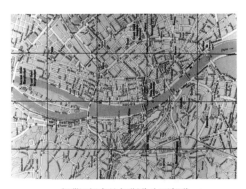

多瑙河把布达佩斯分为两部分

西岸山地带来的变化趣味

布达佩斯古王宫建筑群

东岸平原上的风景

图 1.50　布达佩斯和谐统一的整体景观

（3）城市开发给城市景观带来一些负面影响。城市景观的一些负面影响主要表现在城市文脉的危机和城市特色的危机方面，这实际上是现代城市所面临的共同问题。1999 年 6 月，在北京召开的第 20 次国际建协大会上也把这个问题当作对人类的一种警示提了出来，作为 21 世纪亟待解决的难题。由于现代主义的泛滥，使得相同的材料、颜色、建筑形式等迅速地统一着每座城市、每条街道的面容和表情，其结果就是城市遭遇特色危机。人们来到一个城市新区，很难判断"这里是哪里"。问题的产生主要是由于城市的开发建设没有与城市文化传统相结合，脱离了对地方历史文脉的研究，把追求现代化作为一种时尚和潮流，造成了文化的趋同现象，也使城市丧失了自己的个性特色。只要我们留心一下自己到过的城市，就会发现这种现象。

图 1.51 是湖南省永顺县列溪小镇的传统街巷，有着传统朴实而优美的景致，但现代新建的民居房屋没有延续它原有的特点，因为住民们更希望他们的房屋宽敞明亮，整洁卫生。图 1.52 是意大利的威尼斯，它可称得上是一座世界最美的且历史十分久远的城市之一。但在人们不断追求现代化生活条件的今天，威尼斯的情况也已经发生了改变。现如今常住在旧区的居民并不太多，他们喜欢住的新区又无法吸引到游客，结果却成了"旧的是艺术，新的仅仅是个家"。这就是现代开发建设与历史文化传统脱节的表现。

图 1.51　永顺县列溪小镇　　　　　　　　　图 1.52　意大利威尼斯

20 世纪后期开始，人们尤其重视城市设计及其城市景观的规划设计，就是为了缓解这类问题的严重性，但成效甚微，因为它毕竟不同于对一幢建筑的修复。

城市特色是大众普遍关心的问题，但它的形成却是一个长期的历史沉淀过程，急于求成是无济于事的，也不可靠奇思妙想和异想天开来获得。某市有位领导喜欢欧洲并追求欧陆式风格，于是在讨论本市的风貌规划时竟说："不必那么费事，派人去欧洲十几个城市拍些照片，回国按照照片建设就有特色了。"这种想法是十分荒唐的。还有某市建了一个"天安门"，以创特色，结果却适得其反。新任市长稍有些艺术修养，想拆除它但又面临经济问题，只好让它立在那里遭人讥讽。

其实，塑造城市特色的元素并非没有或缺乏，而它就隐藏在城市之中，关键在于我们去探索与发现。我们应该从城市自身的自然、历史、文化、生活中去发掘。比如城市周围的山体水流，城市内部的文物古迹、历史遗存，地方的传统工艺、建筑材料与式样，市民的生活情趣、行为习惯等，皆是可以利用的元素。

一座桥梁的加宽，一个局部地段的改造，其根本对象是整座城市。所以，在城市用地压力日益增大的情况下，如何在有限的用地范围内合理地、科学地安排复杂多样的城市活动，实现既能满足现代城市开发建设，又能形成城市独有的景观特色，这便是我们城市规划与城市设计工作必须要承担的重任。

在实际的城市开发过程中，常常容易忽视景观的塑造。比如，城市开发主要针对的是土地利用，某城市有一块土地，其地形条件要求在开发时，可以将其简单地处理成为一块平地，而形成的景观可能就平淡一些；但是，倘若能结合原有地形，因地制宜进行开发建设，取得的景观就有可能会变得丰富多彩(图 1.53)。

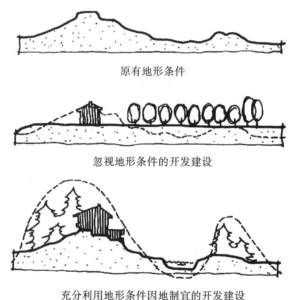

原有地形条件

忽视地形条件的开发建设

充分利用地形条件因地制宜的开发建设

图 1.53　地形对景观塑造的影响

由此可见，城市开发与城市景观结合起来进行规划设计是很有必要的。

综上所述，城市景观作为一门艺术，是在历史的过程中，由政治、经历、文化等多种因素共同作用逐渐积累而形成并不断发展起来的，是城市居民世世代代经营和创造的产物。相对于人类的其他创造成果而言，城市景观永远没有最终的完成体，它始终处于不断的新陈代谢之中，并随着人类的发展以及价值观念的改变而不断发展和变化，因此需要我们不断更新认识，从而指导和推动城市景观的建设。

第二章 景观规划设计内容及其发展趋势

第一节 景观规划与设计概述

一、景观规划设计概念及其现状

随着景观的发展，景观规划设计的概念变得越来越宽泛。现代的景观规划设计已是一个集艺术、科学、工程技术于一体的应用学科，其范围几乎涉及城市人居环境的各个层面。严格地讲，景观规划与景观设计在侧重点上有所差异。

在英语中对景观规划设计就有两种定义，它们分别源于景观一词的两种不同的用法：其一，当景观表示风景时(我们所见之物)，则意味着创造一个美好的环境；其二，当景观表示自然加上人类之和的时候(我们所居之处)，景观规划设计则意味着在一系列经设定的物理和环境的参数以内规划出来适合人类的栖居之地。由此可见，第二种解释使我们将景观规划设计同环境保护联系了起来。

按照现代的观点，从规划角度来看，景观规划设计注重土地的利用形式，通过对土地及其土地上物体和空间的安排，来协调和完善景观的各种功能，使人、建筑物、社区、城市以及人类生活的地球和谐相处；从设计角度来看，景观规划设计注重对环境多方面问题的分析，确定景观目标，并针对目标解决问题，通过具体安排土地及土地上的物体和空间，来为人创造安全、高效、健康和舒适的环境。由此可见，景观规划设计的核心是人类户外生存环境的建设，其范围几乎涉及了人居环境的各个层面。显而易见，景观规划设计更强调环境、土地、生态、风景资源保护与有效开发，范围可大至区域性的地段，小到微观的局部地段。

今天，随着人类对于生活环境深化、细化要求的不断提高，在人类聚居环境规划设计领域，景观规划设计与城乡规划、建筑学已成为缺一不可的三大学科。三者之间既有相同性，又有不同点。它们以创造人类聚居环境为目标，将人与环境关系处理落实在具有空间分布和时间变化的人类聚居环境之中。因此，建筑、规划、景观三者是你中有我，我中有你，谁主谁辅，谁实谁虚，不可简单地一概而论。

随着建筑设计及其制约因素变得越来越复杂，传统的一切以建筑实体为转移的设计观念和手法已难以满足建筑设计要求，不能圆满地解决问题。因此我国当前的建筑设计，不能仍是自成一体，在空间、形体之类的圈子里打转，而的确有必要科学地引入景观规划设计的理论和城市设计的方法，寻求一种从景观出发的建筑设计(图 2.1)。

然而，景观规划设计与城市规划和建筑学三者有所不同：建筑学侧重于聚居空间的塑造，重在人为空间设计；城市规划侧重于聚居场所(社区)的建设，重在以用地、道路交通为主的人为场所规划；景观规划设计侧重于聚居领域各种景观资源与环境的综合利用及再创造，重在对各种环境的规划与设计，其范围从园林设计到国土区域的自然资源管理。

日本大阪新高层建筑　　　　　　深圳海丽大厦　　　　　新加坡阿卡迪花园公寓

图 2.1　城市建筑设计与环境融为一体

在国际上，早在大约 100 年前，景观规划设计就已经成为自成一体的相对独立的学科，是跳出传统园林的新学科，称为景观建筑学。换言之，景观建筑学源于传统风景园林。按照规划设计对象的更迭，从历史的来龙去脉予以分析，从传统的风景园林到当代的景观建筑学，景观建筑学经历了一个长时间的历史演进过程，即从荒野—景物—圃—囿—苑—花园—城市绿地—公园—风景名胜区—自然保护区—大地景观。按习惯的概念，风景园林通常对应于这一过程的前半部分，景观建筑学则试图研究整个过程，并把重点放在后半部分。显然，依所要处理的内容、因素、规模而论，前后两部分并非等量齐观。当今景观建筑学已经是一个集艺术、科学、工程、技术于一体的应用型学科，发展势头十分强劲。景观建筑学的发展以美国为先导。1999 年，美国有 60 多所大学设有景观建筑专业教育，硕士教育和博士教育分别占其中的 2/3 和 1/5。据统计，20 世纪 80 年代，美国景观建筑学专业被列为全美十大飞速发展的专业之一。在欧洲和日本也都有自己的一套专业性很强且独到的学科方向和成就。

但是在中国，这还是一门亟待开拓的学科专业。20 世纪 60 年代初，同济大学建筑系按照国际上景观建筑学专业模式在城市规划专业创办了"风景园林规划设计"的专业方向，并于 1979 年起先后创办了风景园林专业本科与硕士点教育，以及风景园林规划设计的博士培养方向，继而若干建筑院校也开办了此类专业。但与国际上的景观建筑学专业教育体制相比，我国的景观学专业建设还存在明显的差距，建设较为全面完整的景观建筑学专业教育还有很长的路要走。2006 年，同济大学成立了景观学系，这无疑在全国的专业领域教育中起到了很大的引领作用，加速了我国景观学教育和景观规划设计专业成长的步伐。如今，在研究和吸纳国外有关景观规划设计先进教育理念的同时，我国也越来越重视与国内风景园林传统文化理念的融合。

在历史上，我国的风景园林建设虽然取得了世界上公认的伟大成就，但那是基于特定的农耕文明，而在工业文明的近现代，随着社会的飞速发展，单一、传统的园林设计观念与手法已无法满足城市发展要求。尤其是中国城乡建设面临着越来越突出的人居环境的建设改善，热点正在逐渐地从解决单一的居住面积扩展转移到满足多重生存环境条件，洁净的空气、水源，最基本的户外活动场所和绿地，同时兼具历史文化、文学艺术、富有精神文明的活动场所和外部的环境。要完成这些工作，中国的风景园林建设仅仅停留于中国古典园林的诗情画意和文人造园的手法技巧是不够的，除了建筑学、城乡规划学之外，显然还需要引入城市设计的方法，寻求一种从景观出发的规划设计。在可持续发展的 21 世纪，我国对传统的风景园林从深度、广度上加以扩展并逐渐有所认识，广义的景观规划设计已经起步并逐步走向成熟。

二、现代景观规划设计的三元素

现代景观规划设计内容概括起来应包括视觉景观形象、环境生态绿化、大众行为心理三大方面，我们称之为景观规划设计的三元素。这三大元素可以说是景观设计的理论基础。纵览全球景观环境规划设计实例，任何一个具有时代风格和现象意识的成功之作，无不饱含着这三个方面的刻意追求和深思熟虑，不同点仅是视具体规划设计情况，三元素所占的比例侧重不同。

景观建筑学的创始人、美国 19 世纪最著名的规划师和风景园林师奥姆斯特德（Frederick Law Olmsted）与英国建筑师沃克斯（Calbert Vaux）于 1858 年合作设计的纽约中央公园，被称为现代公园的典范。它是人类有史以来第一次为普通大众设计并建造的大规模的公共性景观。中央公园位于市中心，占地 860 公顷，之所以当时要划定这么大范围建设公园是基于城市未来的长久考虑，即城市建设的蔓延呈加速趋势，公园应能满足未来城市居民享受大自然景色和乡村气息的需要。奥姆斯特德当时预言："总有一天，公园会被一堵由城市建筑所构成的人造墙体所包围。"为此，他在这块较大面积的公园用地上，创造出乡村景色的片段，为那些无法去乡村度假的市民提供人与自然交融的场所（图 2.2 和图 2.3）。

图 2.2　纽约中央公园全景

图 2.3　纽约中央公园航空照片

　　在这样的思想指导下，全园规划采用自然式的布局，园内道路被规划分为五个相互独立且彼此联系的系统：其一是穿越公园的通道，其二是园内交通道，其三是步行小道，其四是骑马的道路，其五是自行车道。其中穿越公园的道路与城市道路采用立体交叉设计，解决了公园对城市的切割问题，其他道路则采用回游式环路，使之与城市交通互不干扰。公园中还创造了超尺度的大草坪、湖泊(1 平方公里)、溪流、林地、山岩等自然景观，建设了许多游乐设施、体育运动设施(运动场面积等同两个足球场)，以及休息设施与环境小品；在中央公园中大型乔木占较大比例，草地仅占 1/5～1/4，使得这座现代公园依然犹如一百年前的原始森林一般静谧、繁茂(图 2.4)。在这样的公园里漫步，游客几乎感觉不到自己在城市之中。美国著名社会历史学家芒福说：奥姆斯特德所做的不仅仅是设计了一个公园，更重要的是带来了一种新思想，即创造性地利用风景，使城市环境变得自然而适于居住。

穿越公园的道路　　　　　　　　　超尺度大草坪　　　　　　　　　　人工湖泊

公园中的自然山岩和溪流　　　　　安静的休息环境　　　　　　　　　娱乐空间

图 2.4　纽约中央公园景观思想的融合体现

中央公园的设计,明显是从注重大众行为心理的角度,强调环境生态绿化,为市民在城市的中心闹市区开辟出一片适于人们游憩、思考且令人愉快的景观环境。它是有史以来第一次为普通大众设计并修建的大规模的公共性景观,也是真正意义上的城市景观设计和公园建设的开端。

1. 视觉景观形象

视觉景观形象主要从人的视觉形象和感受要求出发,根据美学规律,利用空间实体景物,研究如何创造赏心悦目的环境形象。

人的视觉形象感受与人的视觉生理特点有关。人所感受到的景物和其真实尺寸、其空间位置并不十分准确,这是因为客观形象在人的视网膜中的映像是不完整的,而人对这些不完整的映像(客观形象)会做出不同程度的修改、变形或简化,即通常所说的错觉。其实,人对客观世界存在错误感觉的现象十分普遍。

有人曾做过这样的问卷调查:对太原市五一广场进行认知实验,了解人们在三度空间的形体环境中,通过自己感官的实际感受,对广场的印象(图 2.5)。调查对象涉及不同的年龄和行业,其结果反映出多数人的实际感受并不同于地面上的客观实物形象,而是在不同程度上对其进行了视觉的修改(图 2.6)。

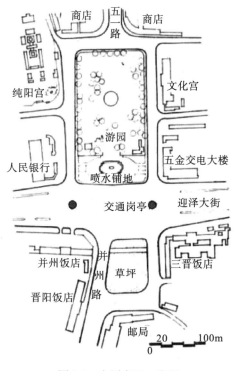

图 2.5　太原市五一广场

客观广场图形(略图)		市民主观认知的广场图形	客观与主观的形之差别	份数
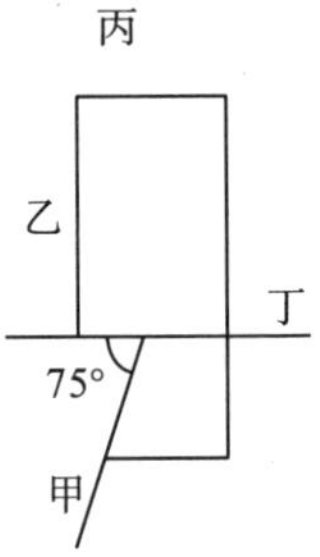 丙 乙 丁 75° 甲	A	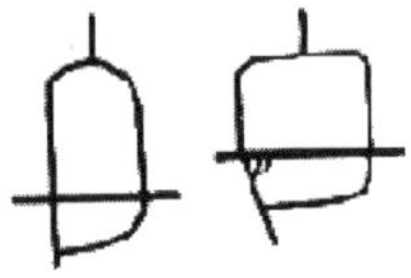	忽略甲与乙道路的错口,或将道路偏斜方向弄反	33
	B	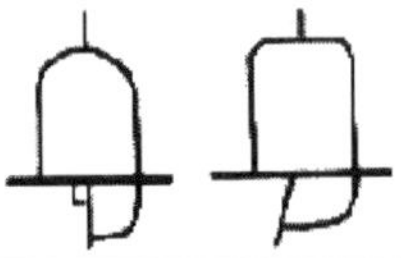	认知到甲、乙路的错口,但将甲与丁的偏斜认知为垂直(2份较正确图形是广场上值勤交警所作)	14
	C	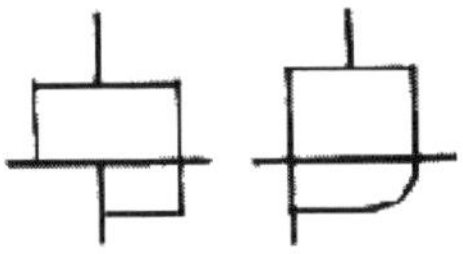	将广场认知为扁长方形,或接近方形	35
	D	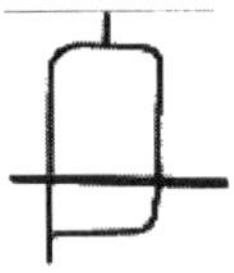	将广场认知为长方形	9
	E	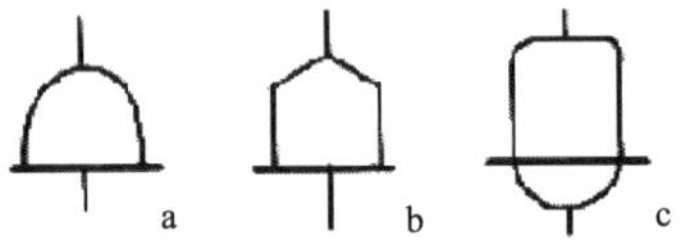 a　b　c	将广场图形大大简化,或加以完整化为完全对称图形,a,b为儿童所作。	6

图2.6　客观广场图形与市民主观认知的广场图形

分析认为,多数人对环境的感觉都是直觉和下意识的,而下意识的感觉通常都会受错觉支配。人们不曾也不需要对环境进行有意识、理论的逻辑思考。因此,他们常常忽略室外空间中的一些微小的差别,如两条路的错口或道路偏斜的角度、方向等,或是对空间的形状、尺度产生错觉。而这些正是我们设计者应该理解和运用的规律。

实际上,在城市环境中,对尺度、形状、距离等方面经常发生错觉,而视觉错觉早已被人们的研究运用。如中世纪时期的意大利锡耶纳的坎波广场,在人们印象中,它是一个规则的扇形,而实际上它是不太规则的(图2.7)。当我们在设计或评价图纸或模型的时候,如果能具有对待错觉的经验,就可以预期利用错觉产生的好效果,避免错觉引起的不良效果。

图2.8为东南大学建筑系馆前的庭院平面图,它是一个不完全对称稍有偏斜的布局构图,但当你站在实地空间时,会感觉到它是一个轴线对称的空间,会认为庭园中的四块草地大小均等。这就是利用错觉产生了良好视觉效果的例子。

但是,如果这只是作为一张设计方案的平面图纸摆在人们面前,人们会因为看到总平面上的部分偏斜而感到"不舒服",觉得构图上有缺陷。通过这个事例说明,这种不舒服感在实际生活中是不存在的,这是一种不真实的感觉。当然,这与偏斜或不对称的程度以及周围建筑的处理等均有关系,并非意味着一切不完全对称的构图都不会被察觉。

总之,视觉错觉会使人对平面图形的感受与实际感受产生差别,如果不了解这些差别,我们很可能受平面图形的"欺骗",甚至还会受模型"欺骗"。例如,在一些旧城改建规划设计中，常常会由于追求图形上的整齐、规则、对称而大动"手术"，拆除不必要拆除的建筑而付出昂贵的代价，而实际上是否必要如此是值得探讨的。

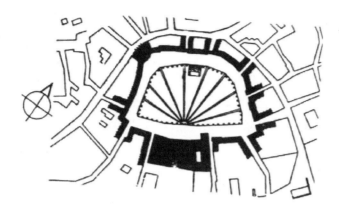

图 2.7 意大利锡耶纳坎波广场

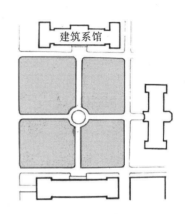

图 2.8 东南大学建筑馆前庭园平面

另外，受生理条件的限制，人对环境的感觉能力是有限的。如对尺度过大的空间，人们无法准确估计其尺度或距离，所以人们常把两实物之间为 100 米的距离估计为 80 米、110 米不等。例如，现代建筑设计大师柯布西埃曾设计了著名的印度新城昌迪加尔市中心，占地 89 公顷，地面为步行广场，地下为汽车道及停车场，整个中心与城市之间布置有假山。当人们看到它的总平面图和说明时，会感到这是一个成功之作。因此，此设计被评价为"整体的构图是华丽的，使人感到出于巨匠之手"。但是当美国城市设计专家培根亲临现场后获得对该中心的"实际感受"，认为"那里的建筑相距甚远，以至于不能控制它们所处的空间，无论它采用多少铺地相连也不能达到成功。当从最高法院看议会大厦，它几乎缩小到火柴棍的比例。"显然，这个设计的主要教训在于尺度过大。瑞典的魏林比市中心设计也是这样的结果，它不仅平面效果好，规划模型也给人极好的图形感受，中心建成后从所摄的航空照片也得到了预期的视觉效果。但当人们真正步入魏林比，看到的是中心空旷的空间结构，它在地面上给人的体验远比空中的感觉差。这两个例子说明，对于巨大的空间，我们仅从其缩小了比例的平面图上是不会产生那种"茫然""迷失"的感觉，但当行走在这个空间之中时，就会产生不能把握它而"茫然"的感觉，这种现象在城市建设中常有发生。图形感受和实际感受出现差别的原因，除了人的错觉以外，还由于设计者在设计过程中只能预期环境的效果，不可能身临其境去体验感受，因此即使设计者对图纸、模型感觉很好，建成后都有可能很不如人意。所以，我们应该努力积累自己对环境的"实际感受"，积极了解对环境的"实际感受"，并注意两种感受差别的现象，作为规划设计的经验基础。当然，也可以采用一些先进手段，如利用潜望镜摄像，模拟人的动态等，正确的估计未来的环境效果。

设计图形与主观感受有时出现差别的另一个重要原因是人的实际感受是运动(步行、乘车)中若干感觉的综合，这种综合不是简单的叠加，也不同于观看模型一瞥时的感觉，而是一种动态连续的视觉感受，它与运动的速度、地面的图案、建筑的高低、植物的疏密等有关，这在道路景观规划设计中应予特别注意。

2. 环境生态绿化

环境生态绿化主要从人类的生理感受要求出发，根据自然界生物学原理，利用阳光、气候、动植物、土壤、水体等自然和人工材料，研究如何创造令人舒适的良好的物质环境。实际上景观规划设计要求突出可持续发展的生态思想，强调运用园林设计的手法与技巧，利用软质景观材料创造人工建造的自然景观，为大众提供必要的景观环境。

关于环境绿化问题，迄今为止我国大多数的景观环境设计往往只侧重于构成景观环境的"硬质景观"，而忽视了绿地林荫一类的"软质景观"的规划设计。现代建设中各类缸砖、花岗岩、石料、大理石、不锈钢等硬质材料所占比例越来越大，相比之下，绿地草皮、林木花卉、河湖水体则往往处于从属地位。回顾古今中外人类景观环境塑造的历史，硬质景观材料适合那些纪念性建筑，如市政广场、墓地、遗址等；软质景观材料才更适合当今大众所需求的生活性的景观环境。拥有林木、鸟语花香的环境，人类才能健康地聚集生活。从生态、环境优化角度创造更多的软质景观环境，这才是我们景观规划设计最应该思考的方面。

图2.9是20世纪80年代上海外滩的航空摄像图片，红色部分显示当时外滩有大片乔木绿化，而这些生长了30多年的乔木却在后来外滩的改造中被摧毁掉。客观地讲，外滩的整体设计、防洪技术等方面是基本满足的，但在驳岸的处理上，没有遵循生态的原则。由于水利防汛部门的相关规定，防洪堤上不得种植大型乔木，理由是担心植物的根系破坏了堤坝，所以在外滩改建时将植物砍掉，致使现在的外滩沿岸除了建筑，便是步行广场，没有高大乔木(图2.10)。虽然遵循防洪标准是对的，但景观规划的生态原则也不可被忽略。而实际上这个问题是完全可以通过现代技术来加以解决，只需做一个空间箱体，里面填上土，树木便可以照常生长，还不会影响堤坝的牢固性。这个例子说明在实际工作中，需要动脑筋思考一下标准规范制订的初衷，再思考有没有可以兼顾的方法和途径，努力寻求两全其美的办法。

图2.9　上海外滩航片

图2.10　外滩沿江步行广场

还有人提出，在防洪堤上种上大树会影响外滩的建筑景观。众所周知，上海外滩素有"万国建筑博览"之称，但是相比较光秃秃毫无遮掩的楼房，绿树成荫的建筑群更美。光秃秃的建筑群，周围没有一点生态环境，那是百年前资本主义建设初期的状况。现代的建筑群更应注意建筑与树木相得益彰。在外滩改造前，这里曾经是建筑、堤岸和大片的梧桐树，夏季，树荫下的行人、游人熙熙攘攘好不热闹。但如今的外滩，特别是到了夏天，人们在其中的感受大不如以前，可以说是酷热难当(图 2.11 和图 2.12)。因此，这项工程的建设从环境生态角度来看是失败的。

规定绿地率这一城市绿地指标是为了保证城市的生态环境，同时也因为园林绿地(植物)也是景观规划中造景的重要成分。

在景观规划中，重视环境生态绿化问题，实际上就是要突出可持续发展的生态思想，强调运用园林设计的手法与技巧，利用软质景观材料创造由人工建造的自然景观，为大众提供必要的景观环境。

图 2.11 外滩沿江步行广场   图 2.12 外滩景观

3. 大众行为心理

大众行为心理主要从人类心理精神感受需求出发，根据人类在环境中的行为心理乃至精神活动的规律，利用心理、文化的引导，研究如何创造使人赏心悦目，浮想联翩，积极上进的精神环境。通常是从人类的户外行为规律及其需求入手，最终体现"以人为本"的设计理念。

景观规划设计强调开放空间，关注人在户外开放空间的各种行为，诸如街道中、公园里、广场上、学校大门口的活动等。我们可以将这些活动归纳为三种类型，即必要性活动、选择性活动和社交性活动。

所谓必要性活动就是人类因为生存而必需的活动，比如无论天气如何，人们都要等候公交车去上班，学生都要按时上课，这都是一种必要性活动。必要性活动的最大特点就是基本上不受环境品质的影响。选择性活动，即是诸如饭后散步、周末外出游玩等游憩类活动，这类活动就与环境的质量有很密切的关系。比如同样两条道路，排除快捷等功能性因素后，美观洁净、路面平整的路和藏污纳垢、坑坑洼洼的路相比人们就必然会愿意选择美观洁净那一条路行走。而社交性活动从古代就有，但现代则尤为突出，诸如公园的露天舞台、广场上的各种活动，比如健身、跳舞、唱歌、唱戏以及三五个人聚集一起举行小聚会等，都属于社交性活动，这类活动与环境品质的好坏都有相当大的关系(表 2.1)。

表 2.1　各类景观行为与场所空间环境质量相关关系

行为类型	场所空间环境质量	
	差	好
必要性活动	⬤	⬤
选择性活动	●	⬤
社交性活动	⬤	⬤

注：图中圆圈大小代表行为与环境质量相关的程度

　　总之，三类活动都与环境因素有关，只是选择性活动受环境品质的影响最大，社交性活动也受一些影响，但必要性活动基本上不受环境品质影响。而中国目前的景观规划设计大多还处于保证必要性活动空间的层面，而创造优良的环境品质以促进选择性与社交性活动的进行正在逐步提高的阶段，这还有待今后不断地注重与提高。

　　对景观设计而言，这三类活动中，应该更关心社交性活动，因为现代景观设计从规模上就决定了我们考虑安排的活动，是公众性的、群体性的，而城市中比较大型的活动空间最核心的活动就是社会交往，即人与人之间的交往，一定要注意这个大的发展方向，不能片面对待城市开敞空间场地，一味地强调要结合自然。比如在规模相同的前提下，一个广场 2/3 是硬地铺装，另一个广场只有 1/3 或者 1/4 是硬地，后者对社交性活动会受到很大的影响。大连著名的人民广场(原斯大林广场)，占地 6.79 公顷，集中绿化用地比重高达 84.5%，且半封闭草坪占地超过集中绿化用地的 62%，因而实际可供居民平时进入活动的空间仅在广场南侧的一小部分范围，使人的活动、交往受到较大限制，因此广场利用率很低(图 2.13)。所以，我们把自然搬到城市之中并没有错，但若远离了"以人为本"的主题，景观发展方向就会出现问题。特别是在城市高密度中心区，群众使用是一个最为基本的层次。市中心区建筑密度大，且人流量也很大，在开辟公园、广场、绿地时，既要考虑人们的使用与活动，也要兼顾人们对景观的审美需求，所以最好与商业街区结合起来进行建设。

　　通常，一个景观规划设计的成败，水平的高低，以及吸引人的程度，归根到底，就要看它在多大程度上满足了人类户外环境活动的需求，是否符合人类的户外行为需求。至于景观的艺术品位，则是一个见仁见智，因人而异的话题。对于面向大众群体的现代景观，要求个人的景观喜欢要让位于大多数人的景观追求。因此我们评判规划设计的优劣，首先要看人们是否乐于在设计成果中进行正当活动，而人们来到这里应该是他们自愿的选择。所以，考虑大众的思想，兼顾人类共有的行为，群体优先，是现代化景观规划设计的基本原则。

　　人与人的交往活动有强度之分，通常分为两类：亲密的朋友、亲人之间好谈的那种交流，属于高强度的交往，适合于较为狭小的空间；人与人目光的交流、人看人之类的交流，为低强度的交往，适合于相对开敞的空间。因此，我们在景观规划设计中就应该有意识地强化人看人的行为交往这方面的内容。人看人最典型的环境是各种类型的广场中，公园里的露天舞台、娱乐表演场地等。每个站在舞台上或坐在舞台下的人都会有看与被看的感觉，这是人与人交往的一种方式，也反映了人们对文化活动的需求，它使一定景观环境充满了浓郁的文化氛围，并丰富了景观效果，受到大众普遍的欢迎。如在纽约中央公园里，同一时间内大约有十几处表演；上海外滩公园常常举办露天音乐会、大合唱比赛以及各种文化活动；绵阳市区的文化广场和五一广场上(都设有露天舞台，且在节庆日子里)常开展文艺演出活动；绵阳的铁牛广场、滨江公园，到了晚上，就是群众文化表演、吹拉弹唱、健身跳舞的最好场地；一些居住区中心绿地等地方也常可看见人们进行健身、跳舞、下棋、唱戏等活动。有表演的人就必有观看的人，这就相互满足了人看人的愿望，加强了人与人的交流，也提高了整体空间环境的文化品位。

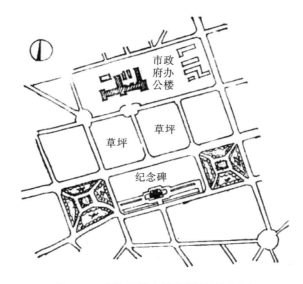

图 2.13　大连人民广场(原斯大林广场)

　　然而，要满足群体的需求，最难做到的是如何满足他们的精神文化需求。这也是景观规划设计的一个很重要的特点，即它里面一定要有精神文化的东西存在。这方面与建筑、城市相比，这方面景观更为专长。尽管建筑与城市也强调精神文化，但他们最基本的还是更偏重于使用功能，偏重于技术，偏重于解决人类生存问题。而景观规划则要上一个层次，它解决的是人类精神享受的问题。而精神文化的塑造不是一件容易的事情。尽管精神文化能让景观规划设计表现出更高深的文化品位，但它却虚无缥缈且内涵较深，要将其转化为软、硬质景观的物质形态体现出来是不容易的。比如诗情画意带来的意境、见景生情触发的联想、情景交融引起的幻想等，就需要在设计中多运用象征、意喻、抽象的手法来体现。

　　如图 2.14 所示，在一棵树旁有一尊石雕女坐像，臀部完全是写实的，胴体却是用斧剁刀砍的巨石状，看到这场景可联想到"守株待兔"的典故。这一微景观采用抽象手法表达了"等待是徒劳的" 这样一个明确的主题思想，由此雕塑取名为"徒劳等待石"。它在设计上运用虚与实，粗与细的对比手法，使其极富有幽默感，可以引起人们的无限遐想，让我们明白幸福不会从天降，人生需要拼搏和奋斗。图 2.15 为同济大学校园一角对黑松林的改造，它于 1997 年建成，为一处典型的景观设计。基地范围不大，规划手笔不多，但却包含了不少景观设计的原理与追求。它的基本出发点是为了保护环境和树木，尽管树林不是很大，但是经过十几年的培育，由一座垃圾山变成一处校园景观。在规划设计中，包含了十分重要的东西在里面，即一种精神文化。在这个小尺度范围内，偏重于艺术性和精神活动，一切建造与布置都在保护植物的前提下，围绕着这一核心来进行。透过一片"欧化"的墙体，看到的是一个"中国式"的未建造完成的亭，其寓意为：这片墙体代表西方文化的框架，亭子则代表东方文化，这一作品意在强调东、西方文化的交流，寓意着同济大学这样一所高等学府，是一个东、西方文化交流的场所；有意将中式古亭设计成尚未完成的形式，意喻让同学们在这样的环境中要把知识学到手，用自己的智慧和勤劳的双手去补充完成它。可以说，这一设计在精神文化方面的刻画和把握很优秀，很深刻，也十分适合大学校园这样的环境，称得上是一个高品位的作品。

图 2.14　石雕女坐像

黑松林一角 　　　　　　　　　　欧洲的墙–中国的亭

图 2.15 同济大学校园景观

以上对现代景观设计的三元素的内容做出了分析和叙述，但实际上三元素对于人们景观环境感受所起的作用是相辅相成、密不可分的。通过以视觉为主的感受通道，借助于物化了的景观环境形态，引起人们的行为心理发生反应，即所谓的鸟语花香，心旷神怡，触景生情，心驰神往等等，这也是现代城市景观环境规划设计的理论基础。一个优秀的景观环境为人们带来的感受，必定包含着三元素的共同作用，这就是中国古典园林中的三境一体——物境、情境、意境的综合作用，这说明现代景观规划设计同样包含着传统中国园林设计的基本原理和规律。

我们在前面多次提到景观规划设计是由传统园林演变而来，传统的风景园林是现代景观规划设计发展的源泉，景观规划设计需要运用传统园林的设计手法与技巧，但二者又分属不同的学科方向，它们的主要差别就是从上述景观元素的三个方面表现出来。从我国现阶段景观规划设计还比较薄弱的情况来看，在这三方面应该做到的是：强调景观视觉形态首先需要的是鲜明的形象；强调环境生态，首先要有足够的绿地和绿化；强调群体大众的使用，首先要有足够的场地和为大多数人所用的空间设施，这些都是现代景观规划设计的基础。这三个看似简单的问题，恰恰是现代景观规划设计与传统风景园林的差异所在，也正是中国景观环境建设和规划设计所面临的三大难题。考察时下中国的景观环境规划设计的实践问题不少：一是形象问题方面，一味照搬模仿，千城一面，缺乏个性鲜明、境界高远、意味深长、内涵深刻的景观设计；二是环境绿化方面，要么重硬质景观，忽视软质景观，要么又过分强调自然，比如，某些广场只有花草树木，休息座椅很少；三是活动场地严重不足，或者不从人的行为心理角度去多加考虑，甚至一些景观环境的设计者根本忽略了这一问题。例如，2002 年某大城市应群众的呼声在城市中心建了一个大型绿地广场，看上去漂亮、视野开阔、毫无遮挡，但偌大的广场空间竟然没有一棵大树。

由此可见，如果现阶段的中国景观规划设计能够把设计构思的着眼点首先放在解决这三大问题上，就算有了一定的进步。因为我国的景观规划设计尚处于起步阶段，鲜明的个性形象、良好的绿化环境、足够的活动场地是我们初级阶段的要求。与当今国际景观规划设计领先一步的国家和地区相比，我国的景观规划设计仅满足这三方面还远远不够。但这毕竟是中国景观规划设计的基础，我们还必须将美学、植物学、生态学、社会学、心理学等多学科结合融会贯通，认真学习和理解世界上的景观设计的基础理论，这对于我们新世纪景观环境建设的腾飞将会起着至关重要的决定性作用。

第二节　现代景观规划设计的发展趋势

放眼世界，现代景观设计专业建立至今不过百余年的历史，却越来越显示出强劲的发展势头和重要性。为了适应和满足现代城市社会、经济发展的要求，景观规划设计表现出几大发展趋势。

一、以可持续发展为导向

在现代景观规划中，由景观形态为导向的规划已逐渐被注重可持续发展的规划所替代。具体而言，就是要运用规划设计的手段，结合自然环境，将规划设计对环境的破坏性影响降低到最小，并对环境和生态起到强化作用，同时还能充分利用自然可再生能源，节约不可再生资源的消耗。

图 2.16 是上海浦东新外滩的设计方案，它体现了景观设计的一些现代潮流，如强调自然色的体现——绿色(植物)、蓝色(海洋)、棕色(土地的本色)的综合；强调生态绿化和活动场地；整体采用立体化的景观处理，将道路架空起来，使城市的生态沿绿道延伸到江边成为第一层面，其上是专门供人观赏观光的观景带，最上层为道路。既形成了丰富的绿地景观，满足了人们亲水和近水性，满足了观光游览、散步的要求，而且不影响道路交通。显然，它充分体现了可持续发展的设计理念。然而，这一方案却在当年(1992 年)未能得到完全的理解和接受。可仅仅时隔一年，美国的某地同类规划设计中，其中标方案的基本思路与此十分相似。同样，香港的艺术中心建在维多利亚港的海边，也是按照这样的设计建成，取得了很好的效果。而这时上海浦东提出的另一种设计方案(图 2.17)，它与前一个方案的设计出发点明显不同，如果照此方案建设，那么整个浦东新区几乎都会被建筑"实体"充满，景观规划设计便无从谈起，这显然违背了可持续发展的思想。现在的上海浦东新区沿江建设仍然分为上下两层。

图 2.16　1992 年上海新外滩设计方案　　　　图 2.17　被建筑实体充满的浦东新区(方案)

　　图 2.18 是海南三亚鹿回头某别墅小区，它保留了一大片绿地，是很好的设计想法，然而明显的问题是这片别墅区的布置太过于紧凑，而开敞空间太少，实体空间与开敞空间的平衡失调，最终导致环境受损，房地产开发效益也会受到损失。这个规划设计说明别墅的布局应该相对独立，四周空旷开阔，除了别墅以外，四周还应该保留足够的场地，辟作花园和游园。

　　图 2.19 是同一基地的两种处理方案，反映了两类截然不同的规划思想方法。左图的方案对环境破坏较少，景观创造比较丰富，人居环境与自然联系较紧密，道路系统分车行和步行两类，人行步道的布置和林荫道互不干扰，减少了道路面积和管线长度，因此其社会、经济效益均比较好；而右图方案不仅人工痕迹太重，每幢建筑均可沿道路直接相连，景观较单调，而且只设有车行道路系统，使得道路占地与管线长度大幅度增加。这样单一用途的布局早已过时，理应舍弃。从可持续发展角度来看，左图方案值得提倡。

图 2.18　三亚鹿回头某别墅小区　　　　图 2.19　同一基地两种处理方式

二、从静态景观走向动态景观

　　传统古典园林景观的基本特征是静态永恒的，它仍然可以形成美妙的景观。如法国凡尔赛宫园林的轴线大道景观，给人的视觉效果是一种单一灭点式轴线景观。将这种传统景观放到现代城市之中已不太适宜，也难以实现。曾经对上海浦东大道的设计，就带来了一些争议，它被誉为中国第一条景观大道，但人们抱怨不应该开通一条类似的"凡尔赛大道"。此大道的规划缘起是为了创造一个意念形式，即设计建设一条不让车行的景观大道，而事实上它却是一条笔直、宽阔、平坦而最简洁的交通大道。由于大道设计每隔 500 米才有个交叉路口，使得城市交通容易受到阻碍和隔断，凸显出更大的矛盾。因此，在 21 世纪这个多元化、信息化的新时代，这种传统而又单一的轴线景观必将被时代的客观发展所淘汰，与之大相径庭的是，现代景观规划设计的形态上的最大特点是动态变化，这也是现代景观设计与传统风景园林的差别之一（图 2.20）。

　　荷兰阿姆斯特丹鲍斯公园是在欧洲率先开创的一个动态的现代公园。公园的设计酝酿于 1928 年，1934 年破土动工，其规划是植物学家和城市规划师协作的结果。公园用地低于海平面，位于沼泽地；设计中利用传统的排水技术将水排除后营造了一片森林，在森林之中刻画出一片适合群众性活动的场地；园中到处是自然、活泼的小径；一些被砍伐掉的山坡森林被用来建成滑雪山丘，整体看上去富有一种动态感，如地形的高低起伏、园路的蜿蜒曲折、块体的自然形态(图 2.21)。正是这些形体给公园带来了动态的活力。

图 2.20　凡尔赛宫单一灭点式轴线大道景观　　　　图 2.21　鲍斯公园鸟瞰

　　图 2.22 中的这一设计也是一种典型的动态景观的追求。它是 1999 年上海浦东彩虹广场的设计方案，其布局一反传统景观造园的静态非动力格局：软、硬景观图案的均采用弧线(弓形)造型，这种弧线本身就给人一种动感，加之它们又两两随意自然的相交或分开，称为是排斥(正力)和吸引(负力)两大景观动力；大尺度的水道喷泉及其弧线呈中间宽，两头逐渐变细，直至尖灭的造型，使其动感愈加突出；特别是模拟植物生长的动态过程，广场地面图案设计了从含苞待放到花开绽放的系列白玉兰硬质景观图。

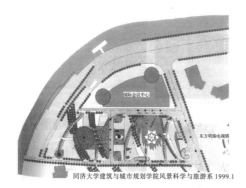

图 2.22　上海浦东彩虹广场

　　从以上两例可以看到，现代动态景观的创造手法已经有了很大扩展，过去主要是通过流水、瀑布、喷泉和跌水等水体和水景的运用来增加动感，而现在还可以体现在地形的高低起伏，道路的自然曲折，地面的图案铺装等形式以及各种因素构成的整体格局上。

三、寻求与自然、环境的平衡

　　在现代城市景观规划设计中，十分强调人(人造景观)与自然的和谐，这是为了抗衡城市与自然彼此疏离的倾向。

　　城市景观的历史与人类城市的历史可以说是一样的久远。城市从产生那一刻起，就被两种作用力——文化驱动力和自然回归力控制。在西方传统中，这两种作用力是完全对立的，它认为上帝是唯一的神，上帝创造了世界，使自然成为人的统治物。而在以中国为代表的东方思想中，则强调这两种作用力的同一关系，讲求"道法自然""天人合一"。东、西方这两种传统都分别在各自的城市景观发展中留下了清晰的印迹。

在英国南部威尔特郡索尔兹伯里平原上，屹立着一座史前遗迹的巨石阵，其形状为环形列柱形式，建于公元前 2500 年前左右(图 2.23)。在西方，巨石阵以及中世纪的教堂以及广场上的钟塔(楼)，巴黎的埃菲尔铁塔直至纽约的帝国大厦，它们都表现了人类征服自然并把目标对着天空所能成就的业绩，这是一种机械宇宙的景观图式。中国的传统则是在城市景观营造中，再现一种有机宇宙的景观图式。这种图式实质上是一种风水景观图式。

在中国，自古以来就非常重视景观，重视人与自然和谐相处的关系，其城市建设的核心思想就是"均衡"二字。在景观规划方面，国际公认的美国权威学者卡尔·斯坦尼茨教授就特别重视中国传统的风水理论，认为这种学说在城市与人类聚落的选址方面浸透了山水、环境与人的均衡、融合的思想。大到整个城市，小到一村一居均讲求阴阳平衡，即地(自然)为阴，人与城市为阳。城市选址要选择在依山傍水、风景如画的地方，即使有时存在条件限制，也要通过人工水面、人工假山以及设置园林来加以弥补。

英国索尔兹伯里平原上古老的巨石阵

埃菲尔铁塔

纽约帝国大厦

图 2.23　西方表现人类征服自然的机械宇宙的景观图式

中国传统的"风水景观图式"：城(村、宅)址地处于背山面水、山水环抱之中央，有山有水有植被，环境优美。整体分布基本上保持坐北朝南，基址处于山水环抱的中央，形成枕高山面流水的"枕山、环水、面屏"的理想风水环境。传统按照风水观念，城市的最佳选址如图2.24所示。

其实根据一般常识可知，具备这样条件的自然环境，很利于形成良好的生态和局部的小气候。背山可屏挡冬日北来的寒流；面水可迎接夏日南来的凉风；朝阳可争取良好的日照；近水可取得方便的水运交通及生活、灌溉用水，也可适于水中养殖；缓坡可以避免淹涝之灾；植被可以保持水土，调节气候；林地还可以获得经济效益等。总之，这样的基址当然也就成为一块吉祥的福地了(图2.25)。而这种"枕山、环水、面屏(朝山、案山为屏照)"的格局，正好体现了良好的自然生态与良好的自然景观和人为景观的统一。

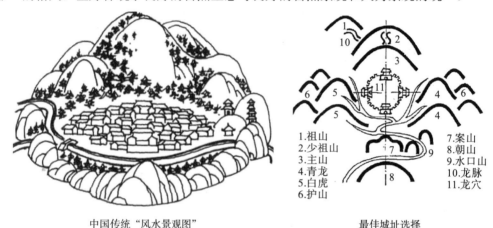

1.祖山　　2.少祖山　　3.主山　　4.青龙　　5.白虎　　6.护山　　7.案山　　8.朝山　　9.水口山　　10.龙脉　　11.龙穴

中国传统"风水景观图"　　　　　　　　　　　　最佳城址选择

图2.24　中国传统重视人与自然和谐相处的有机宇宙的景观图式

1. 祖山：基址背后山脉的起始山；2. 少祖山：祖山之前的山；3. 主山(龙山)：少祖山之前，基址之后的主峰；4. 青龙山：基址之左的次峰或岗阜，亦称左辅、左臂、左肩；5. 白虎山：基址之右的次峰或岗阜，亦称右弼，右臂、右肩；6. 护山：青龙山及白虎山右侧的山；7. 案山：基址之前隔水的近山；8. 朝山：基址之前隔水及案山的远山；9. 水口山：水流去处的左右两山，隔水呈对峙状，往往处于村镇的入口，一般成对的，称为狮山、象山或者龟山、蛇山；10. 龙脉：连接祖山、少祖山及主山的山脉；11. 龙穴：即基址最佳选点，在山水环抱之中，被认为是万物精华的"气"的凝结点，故为最适于居住的福地

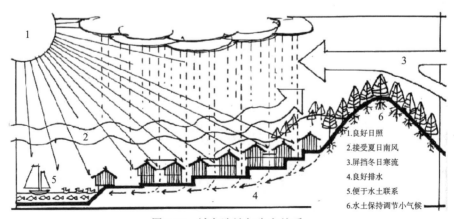

1.良好日照
2.接受夏日南风
3.屏挡冬日寒流
4.良好排水
5.便于水土联系
6.水土保持调节小气候

图2.25　城市选址与生态关系

按照风水理论，对这种风水景观环境进行分析 (图 2.26)：①以祖山、少祖山、主山为基址的背景和衬托，使山外有山，重峦叠嶂，形成多层次的立体轮廓线，增加了风景的深度感和距离感；②以河流、水池为基址前景，形成开阔平远的视野。而隔水回望，又有生动的波光水影，造成绚丽的画面；③以案山、朝山为基址的对景、借景，形成基址前方远景的构图中心，使视线有所归宿。两重山峦，亦起到丰富的风景层次感和深度感的作用；④以水口山为障景，为屏挡，使基址内外有所隔离，形成空间对比，使进入基址后有豁然开朗、别有洞天的景观效果；⑤人工设置的风水建筑物，如宝塔、楼阁、牌坊、桥梁等，常以环境的标志物、控制点、视线焦点、构图中心、观赏对象或观赏点的姿态出现，均具有易识别性的观赏性。如南昌的滕王阁选点在临江的要害之地；武汉的黄鹤楼，杭州的六和塔都选在选景和赏景的最佳位置；⑥当山形水势有缺陷时，即属于风水不利，为了逢凶化吉，要通过修景、造景、添景等办法达到风景画面的完整谐调。

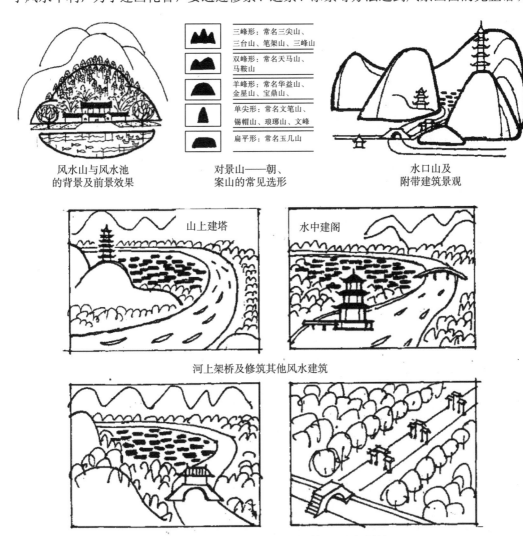

风水山与风水池
的背景及前景效果

三峰形：常名三尖山、三台山、笔架山、三峰山	
双峰形：常名天马山、马鞍山	
羊形：常名华益山、金星山、宝鼎山	
单尖形：常名文笔山、锡帽山、琅琊山、文峰	
扁平形：常名玉几山	

对景山——朝、案山的常见选形

水口山及附带建筑景观

山上建塔　　水中建阁

河上架桥及修筑其他风水建筑

修景、造景、添景的办法达到风景画面的完整协调

图 2.26　中国风水的景观表现

如改变流水的局部走向，改造地形，山上建风水塔，水上建风水桥，水中建风水阁等等，名为镇妖压邪之用，实际上都与修补风景缺陷及造景有关，其结果大多成为某地的八景、十景的一部分，并逐渐成为风景点。

依照风水观念所构成的景观，表现出以下几个特点：①围合封闭的景观，群山环绕，自有洞天，形成远离人寰的世外桃源；②中轴对称的景观，以主山—基址—案山—朝山为纵轴，以左肩右臂的青龙、白虎山为护翼，河流为横轴，形成左右对称的风景格局或非绝对对称的均衡格局；③富于层次感的景观，主山后的少祖山以及祖山，案山外之朝山，左肩右臂的青龙、白虎山之外的护山，均构成重峦叠嶂的风景层次，富有空间深度感，具有"平远、深远、高远"的风景意境和鸟瞰透视的画面效果；④富有曲线美和动态美的景观：笔架式起伏的山，金带式弯曲的水，均富有柔媚的曲折蜿蜒动态之美，打破了对称构图的严肃性，使风景画面更加流畅、生动、活泼。

综上所述，抛开迷信的成分，从设计的角度，传统的风水说实质上是一种环境设计，它不仅注重与居住生活有密切关系的生态环境质量问题，也同样重视与视觉艺术密切相关的景观质量问题。并且这种风水景观思想主张的是人与自然均衡发展，顺应自然的生态，追求一种优美的、赏心悦目的自然和人为环境。这些都是我们在景观规划设计中值得吸纳的。21世纪伊始，西方的英、美等很多国家也开始盛行风水景观思想。因此，寻求人与自然的平衡也就成为现代景观规划设计的一个重要准则。

众所周知，城市景观不是处于静止的状态，而是处于动态的生长过程中。景观设计不仅能创造美的形象，还能赋予环境的生命。城市中宁静的花园，美丽的林荫景象，开敞的绿地均赋予城市生命的气息。人们需要自然，这既是生理上的需要，又是心理上的需求，他们需要以自然去抵御过度人工化的环境，需要自然提供营养和可持续发展的基础。但遗憾的是，长期以来人类在城市建设中破坏自然环境，忽视与自然的和睦相处。我国此类问题就比较严重，城市景观远落后于发达国家。21世纪初期，我们对这一问题有所警觉，但有些城市为改善城市景观又操之过急，试图"一步到位"，却违反了客观规律。不少地方急于求成，快速修建大广场、宽马路、大草坪、大喷泉。这种城市建设忽视了城市景观的功能性、科学性，违反了生态平衡法则，滥用和浪费了大量财力、材料、人力、物力，而且金钱并未堆砌出来老百姓真正需要的城市公共空间和景观。有的甚至将公益性的城市公园转化成商业营利性的游乐场所，违背了城市景观建设的本意。对于城市景观规划，首先要弄清城市居民最需要改善的城市景观是什么，要有一个完整的规划，保护好城市有限的可利用的资源和优势，继承前面的成绩，可持续地发展和建设。不要表面上看城市很时髦和繁华，而最基本的问题却没有很好地解决，比如空气和水的污染、交通混乱、噪声成灾。城市失去安宁，变成了混凝土的森林，城市与自然隔离，这样的城市不能谈及景观。

近十多年以来，我们也看到有些城市在景观方面开始做得越来越好。如山东烟台这座滨海城市，利用山坡地型布置红顶建筑群，营造"蓝天碧海，绿树红瓦"的景观效果，强化了自然条件赋予的滨海城市美。辽宁盘锦市是辽河油田基地城市，平原无山，自然无奇，河道发育。在城市景观规划设计中抓住平原水面河道纵横的特点，在水上下功夫。规划出80米宽的主干道、街心花园、人行道花圃，提出"一河带三渠"和"新、水、绿"的景观特色口号，使城市从平淡中见新奇，让往日的"风沙南大荒"城市转为优美的现代石油城（图 2.27）。

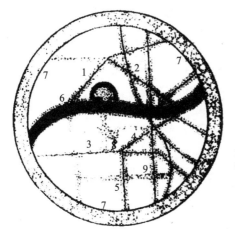

1-六里河；2-双绕河；
3-螃蟹沟；4-六零河；5-杨
家排干；6-双台子河；7-环
城林带；8-儿童公园、湖心
公园；9-管道廊绿带
　　利用S形辽河穿越城市腹
地，布置两岸水网绿地与环
城绿化带形成太极图格局

图 2.27　辽宁省盘锦市是运河油田基地城市

　　湖南常德市柳叶湖旅游度假区总体规划用地约为 40 平方公里，第一期集中在 2 平方公里的范围内，拆除堤坝，引水入田，扩大水面，恢复古代留存的生态沼泽地，恢复"鹤鸣山"的意境。

　　这些列举的城市都是在塑造城市景观时，注重结合当地自然条件，并融入风水景观图式思想，营造出自然和谐的景观。

　　因此，在现代景观规划设计中，我们只有坚持改进人与自然的关系，追求人与自然的和谐，才能使有生命的城市景观遵循自然之理，呼吸自然之气，秉有自然之形，将中国传统风水说的合理成分运用于景观规划设计之中，把自然与人工环境有机结合起来，营造出人们所渴望的城市景观。因此，景观规划设计的本质是一种追求人与自然平衡的环境艺术。

四、对景观资源的保护与开发

　　国际上领先国家的现代景观规划设计中的另一大领域已经超脱于规划，不再是具体的景观规划，而是将景观当作一种资源，就像对待一切自然、矿藏资源一样，加以保护与开发。这在国内还尚未形成立法意识，而在国外却有相当一批人和队伍依靠政府在做这一工作。如在美国，景观建筑研究生毕业后，有很大一批人在政府部门工作，他们用 GIS 管理这些景观资源，并以城市外围大片未开发地区的景观资源作为主要研究对象。这些景观资源其实就是风景资源和旅游资源，如气候、水体、植被、地形、地貌以及文物古迹等。他们在开发与保护的关系上处理得很好，值得我们借鉴。

　　美国第一个国家公园——黄石国家公园，在 1872 年对外开放，筹建国家公园的目的是要保留一批从未遭受破坏的自然景观。从那时起，黄石国家公园最棘手、最重要的问题一直就是保护景区免遭游客的破坏，让游客自我克制。在生态平衡的沼泽地之中，于 1935 年构思设计，1947 年动工架起的一条高架人行通道，可以在游客需要时升起，随时将参观者带到植物附近，便于观赏（图 2.28）。可见，美国对自己国土上的景观资源是何等的爱护。

图 2.28　架空人行道

　　图 2.29 是从美国弗吉尼亚州上空看到的大地景观图：大片的森林地带，其中穿插一些道路和城镇。这是美国数十年景观规划建设的成果，但它也曾经遭受过一定程度的破坏。在 20 世纪初有一次大规模的森林砍伐；20 世纪 30 年代经济萧条期间，罗斯福总统带领部队和国民进行植树造林；20 世纪六七十年代，对这一带又进行了详细的大气、水、土、植被等景观元素的区域规划。经过六七十年的努力才有了今天的大地景观。我们还可以从弗吉尼亚理工学院及州立大学校园景观感受那种绿草如茵、森林遍布的景象(图 2.30)。尽管现在很多的大学校园绿化很好，像座公园，但许多校园内目前还难以找出保护好的原始景观：草地上的树木高大挺拔，人们在密闭的树冠下自由地漫步。

图 2.29　弗吉尼亚州的大地景观图

图 2.30　弗吉尼亚州理工学院景观图

　　我国其实是一个风景资源和旅游资源大国。翻开中国的地图册，从地形地势图中可见中国确实是一个山水国家。且同其他国家相比，中国的地形地貌最为丰富，从高原山地到丘陵平原，从沿海流域到内陆沙漠，一应俱全。而风景资源集中的区域往往存在于交接地带，陆地与海洋的交接，平原与山地的交接等等。例如，四川之所以有那么多的风景资源，是因为除了本身极富特色的四川盆地，其四周都具有交接地带。如果将中国地形与美国相比，单就地形一项就比美国复杂很多，更何况我们还有比他们久远的历史文化。因此，如何评价、保护和开发国家的景观资源，是一项很重要的工作。

　　十多年来，我国也在这方面做了大量工作，利用计算机、遥感等技术对景观资源进行分析、评价。图 2.31 是江西上饶的三清山，距离黄山 300 公里。有人到此进行现场勘探后，发现这里的风景非常优美，可与黄山媲美，且有些地方的优美有自己独特之处。由于很多地方人们无法抵达，便采用卫星遥感技术建立预测模型，把地形、地势、植被等数据，通过计算机进行处理，得出了三清山的景观预测图（图 2.32），这实际上也就是对景区的风景资源进行预测，从而为进行三清山风景名胜区的规划创造了条件。图 2.33 是 1988 年研究合成的三清山卫星照片，覆盖的范围达 2600 平方公里，其中三清山景区目前开发的范围只 1/10 左右。1988 年 8 月，三清山被列为国家重点风景名胜区，2008 年 7 月被列为世界自然遗产地、世界地质公园、国家 5A 级风景旅游区、国家地质公园。

　　图 2.31　江西上饶三清山　　　　　图 2.32　三清山景观预测图　　　　图 2.33　三清山卫星照片

　　以上是现代城市景观规划设计的几大趋势，从中不难看出，遵循可持续发展是其主导思想，寻求人与自然、环境的平衡是其根本准则，强调动态景观的塑造是其重要手段，合理保护与开发景观资源是其必然基础。我们只有在城市景观规划中，结合自然环境，注重生态平衡，合理利用与开发景观资源，并注意多种设计手法的运用组合，才能创造出可持续发展的、与自然和平共处的、为人们所向往的人居环境。

第三章 城市景观规划设计原则

第一节 城市景观规划设计要求

一、景观规划设计的层次划分

从广义上讲，景观规划设计分为三个层次：宏观景观规划设计、中观景观规划设计和微观景观规划设计。

1. 宏观景观规划设计

宏观景观规划设计涉及对象是一个地域综合体，即人类文化圈和自然生物圈交互作用形成的多层次生态系统。换言之，规划范围远大于一个城市，也称宏观的景观环境规划。

(1)基本工作。基本工作是对土地环境生态与资源进行评估和规划。如三峡工程就是这种典型的实例。其工作涉及地质、地貌、水文、气候、各类动植物资源、风景旅游资源、社会人文历史等方面。包括对规划地域(无论是城市、乡村还是自然地带)自然、文化、社会的调查、研究、分析与评估。

(2)核心工作。核心工作是大地景观化，即绿化—蓝化—棕化规划。其实质是从空间环境保护规划的角度出发，通过绿化(绿化)、水资源整治保护、大气粉尘治理净化(蓝化)、土壤保持与改造(棕化)来保护人类聚居环境。"三化"意味着全面考虑环境等诸多因素。

(3)重要内容。重要内容是对特殊性大尺度工程构筑的景观处理。如高速公路选线、桥梁水坝等大型构筑、市政管线走廊(特别是地上高压电缆)及其他设施用地布局等。在这些工程建设中，通过景观规划设计的工作，可以将技术功能的需求与美学形象结合考虑，将人工建设因素与自然保护因素结合(图3.1)。

图3.1 人工建设与自然保护相结合

另外，对国家级、省级、市级风景名胜和旅游景观的规划也是属于宏观景观规划设计的范畴。风景名胜区侧重于风景旅游资源的保护，旅游景区侧重于风景旅游资源的开发利用。

2. 中观景观规划设计

中观景观规划设计也称中观的场地景观规划。

(1)基础内容是场地规划。场地规划是一种对建筑、结构、设施、地形、给排水、绿化等予以时空布局，并使之与周围交通、景观、环境等系统相互协调联系的过程。包括场地内不同功能用地的安排、地形与水体的改造、各类管网的布局策划、沼泽地保留、环境保护、动植物的保护迁移、室外照明的初步设计、控制性条例和各类标准的制定等，场地规划工作内容对详细设计有控制性作用。

(2)重要内容是城市设计。按形态分为面、线、点的设计。面包括城市形象策划，城市总体美化，城市景观风貌特色设计。如历史文化名城保护规划，城市美化工程规划等。线包括城市滨河带、商业步行街、各类交通道路景观设计。点是城市广场设计和道路交叉口节点规划设计，包括节点处景观引导、周边地块建筑群体开发、交通组织以及外部环境绿化的综合规划设计等。

另外，旅游度假区、主题园、城市公园设计在中观景观规划设计中，也是面广量大的实践性工作。

3. 微观景观规划设计

微观景观规划设计又称微观的详细景观设计，它主要包括街头小游园、街头绿地、花园、庭院、古典园林、园林景观小品等设计。它实际上可以作为城市园林绿地规划设计的一部分。

通过上面的层次划分可知，广义的景观规划设计包括了极为广泛的内容，它针对所有形式的外部空间，大到包括城市在内的综合性地域空间，大尺度的规划对象，如大型工程、大型项目、大型规模等；中到城市的街道、广场、节点、公园等以及城市整体的景观形象规划；小到城市内单一景观的设计，如花园、街头绿地、街边游园、建筑、小品等。

然而，作为城市景观规划设计的重点，是针对中观的和微观的景观规划设计，这也是狭义的景观规划设计的分类。也即是说，这本书所讨论的景观规划设计是侧重于对人类生活环境面貌的计划，即将景观视为一种资源，依据自然、生态、社会与行为的原则进行规划设计，使人与景观资源之间建立起一种和谐、均衡的整体关系，并符合人类对于精神和生理上的基本需求，是一个充分提升人类生活环境品质的过程。

二、景观规划设计要求

1. 基本要求

按照狭义的景观规划设计，城市景观设计即是城市设计极其重要的方法与手段之一，它应该贯穿于城市设计的各个阶段，即从目标建立、提出问题、接受任务、调查研究到方案设计、方案选择、方案实施等，而且在上述的不同层次的景观规划设计中，均包括了自然环境、人工环境以及自然与人工交叠的环境。因此，无论是哪个层次的景观规划，都有这样一个基本的设计要求：①让居民在绿化空间上满足需求；②使城市土地得到更合理的利用；③保护和提高自然景观在城市中的质量；④保护和提高城市传统的风貌特色；⑤探索现有和新建的各区段中空间之间的最佳关系。

从中不难看出，城市景观规划设计的基本要求，强调的是环境生态的绿地和自然景观的质量、风貌特色的塑造，土地的合理利用，传统与现代的结合(旧存与新建的关系)。其实，这几个方面也可以作为我们进行城市景观规划设计的基本方向，或者是基本思路和设计理念。

2. 具体要求

由城市景观规划设计的层次划分可知，它可以从整体到局部，从宏观的面到微观的点，即从对城市的总体景观规划到城市局部小景观的设计。显然，当设计的对象不同，范围不同，或者说阶段不同，其具体的要求也会不同。

(1)总体设计阶段的具体要求。在城市总体规划编制的对土地利用的基础上，通过调查分析研究提出：①保护和发展城区富有特色的空间结构格局与形象的具体措施与建设手法；②提出城市各区(市中区、居住区、工业区、文教区等)的景观特点要求；③确定绿化系统和综合防护措施；④对城市整体轮廓线和空间结构(建筑高度分区)进行控制；⑤保护和发展城区与郊区的主要景区与景点，包括自然风景与历史名胜古迹的保护、开发与利用；⑥保护和开阔视野范围，明确城市主要的眺望视廊。

(2)局部地段设计的具体要求。①建立符合总体景观设计要求的、结构均匀的各景观单元；②探索、研究本区地方景观形象与特征的具体要求；③保护富有个性的典型的空间环境与建筑群景观；④建立新建的和现有的建、构筑物之间的最佳关系；⑤努力创造建筑、绿化兼备和空间平衡的环境，让居民在绿化空间上满足需要；⑥尽力提高空间中的自然景观、社会景观和人文景观质量；⑦突出本地区内的主要景点。

第二节 城市景观规划设计原则

景观规划设计不仅是一门综合艺术，而且还是一种立体综合艺术，因为构成景观的各种要素，通过它们的高度、宽度、深度以及各组成部分的位置、形状、色彩、质量的适当安排组合，可以表达出多维空间的美，从而达到静态美，再加上有生命的活物(如水体的运动、植物的生长等)随时间的变化，更表现了动态的美。而人们对景观美的体验又依个人的感觉有所差异。所以，景观设计者在设计时，应该在经济适用的总的前提下，去创造城市景观的艺术美，以达到真(服从自然法则，与自然环境协调)、善(注重适合实用，讲究人情味、人性化)、美(自然美的艺术表现，重视景观的艺术性)的最高理想环境。这实际上是把美术艺术中对真善美的追求运用于城市景观规划设计之中。

这里所提到的经济、适用是我们在城市景观规划设计中应该遵循的一个总原则。"适用"是指主要以大众或私人个体等使用者的需要为考虑，各种设施、设备、配量等均须符合人性化，做到适切、合宜；"经济"是指合理利用资金、时间和空间，达到"省本多利"。比如，对不同品种和不同价格的材料进行比较与衡量，加以选择，当选择当地材料时，价格会便宜很多，如石料、植物、建材等；缩短成景时间，如建造公园选用大树而不是树苗，充分考虑成本，针对豪华和华丽而言，设计力求简单化，这既可减少时间又能节约费用(图 3.2)；选择节省空间的材料，使空间利用达到最大效果(图 3.3)。讲求经济适用性是我们进行城市规划时必须遵守的原则，也同样适合城市景观设计。总之，景观的规划设计应先注重社会性和群众性，在经济实用的基础上再考虑美观，这才符合我国的国情。

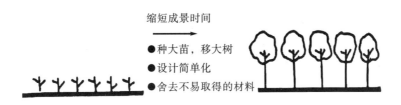

图 3.2　合理选择植物缩短成景时间

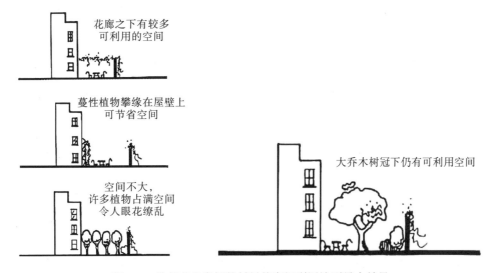

图 3.3　选择节省空间的材料使空间利用达到最大效果

在经济适用的前提下，我们通常是把形式美的一般原则运用到城市景观规划设计之中，比如统一、均衡、尺度、韵律、简单、重点突出等，它们可以具体指导我们进行景观设计的艺术创作。

一、多样统一的原则

各类艺术都要求统一，并在统一中求变化。这种"统一"用在景观设计中所指的方面很多，例如形式与风格、造景材料、色彩、线条等。从局部到整体都要讲求"统一"，但过分统一则易显呆板，疏于统一则凸显杂乱，所以常在"统一"之上加一个"多样"，意思是需要在变化之中求统一，免于成为大杂烩。仅有统一性的世界是单调乏味的，仅有多样性的世界又显得杂乱零散，而具有统一性和多样性的结合才会有丰富多样的美。这一原则与许多其他原则有着密切的关系，甚至可以说是"统帅"的作用，甚是重要。

从大的方面讲，多样统一的原则可以表现在整座城市的形式格局上，如巴西利亚、北京，它们的总平面都是统一在轴线对称的风格之中，然而在建筑、道路、绿地等各部分的变化却是多样的(图 3.4～图 3.6)；图 3.7 是一座水上城市，建筑的形式、体量、红的色彩使它们展现出了统一，但自然而随意的秩序却带来了无穷的变化；图 3.8 是爱琴海的希腊岛城，城中每幢房子的白色组成整座城市的白色，使城市统一在白色之中，与幽蓝的爱琴海之间划出了人与水的天界，在建筑的排列布置、屋顶的处理以及植物的配置等方面又存在明显的变化；而图 3.9 和图 3.10 的例子显然不是强调色彩的统一，恰好相反，城市的色彩变化多端。它们分别是冰岛首都雷克雅未克和意大利的马纳罗拉。冰岛首都整个城市在北纬 64°以北，气候比较寒冷，因此它利用每幢房子的不同颜色组成了彩色的城市，以便在冰冷、萧瑟的北海中留住生机，尽显城市的活力。而城市则是在高度不大的建筑之间，通过绿化的设置达到了统一，使整座城市表现为建筑与绿荫相互衬托的格局，更显现出生命的活力。

图 3.4　巴西利亚总平面　　　　图 3.5　北京市总平面示意图　　　　图 3.6　北京城中轴线

图 3.7　建筑统一，布局自然示例　　　　　　图 3.8　爱琴海的希腊岛城

图 3.9　冰岛首都雷克雅未克

图 3.10　意大利马纳罗拉色彩丰富温暖的小镇

　　从小的方面讲，多样统一的原则在景观设计中的运用更是十分普遍，尤其体现在园林景观设计中。如北京的颐和园，其建筑物都是按清代的规定法式建造的，木结构、琉璃瓦、油漆彩画等，均表现出传统的民族形式，但各种亭、台、楼、阁的体形、体量、功能等却有十分丰富的变化，给人的感觉是既多样又有形式的统一感；图 3.11 是新加坡国立公园里的牌示，园内所有的牌标都用菱形作为设计元素而统一起来，形成独特的"窗标"效应，这实际上是"以多取胜"获得了统一感。在风格、形式、材料各异的公园中，设计师巧妙的在许多地方设置一个个菱形的、木材质的标识牌，他们虽然个体不大，但小巧玲珑，重复出现，以数量较多而取胜，达到了感觉统一的目的；图 3.12 是一组临水建筑，其屋顶、露台、栏杆、柱式都是在圆形弧线中变化；图 3.13 中一组水上建筑则是以直线与方形组成屋顶、露台、栏杆、柱式，显示出严格的统一，但又有丰富的变化；图 3.14 是英国伦敦汉普顿宫的一组花坛群，它们在形式上是统一的长方形，四周植物低，中部较高，但在色彩上又富有变化，通过植物材料的合理组织，形成了优美的景色；图 3.15 是厦门市某广场边缘的立体景观，这组景观将花坛与台阶结合设置，花坛在形状上是统一的，只是花池的长短和池内的植物有变化，植物的种类、色彩、深浅、修剪方式均有不同，使得花池与台阶形成和谐统一的美的立面景观。可惜的是，从花坛方向看后面的建筑景观，效果比较差。

图 3.16 是颐和园后湖的苏州街两岸，驳岸采用了同一种石砌，利用直线直角的变化形成多样统一的效果；图 3.17 中采用直线与直角形式组成的水池、花坛，也可以形成变化多样统一的风格；图 3.18 是美国加利福尼亚州某广场上的一个局部景观，这组景观统一在石板的材料上，无论是台阶、建筑以及水中的石板均选自同一采石场的石料建造而成，尽管材料统一，但由于设置灵活多变，使这组景观产生了自然奇观的效果。

图 3.11　新加坡国立公园标示牌

图 3.12　圆形中变化

图 3.13　方形中求变化示例

图 3.14　花坛形式统一色彩富有变化

图 3.15　厦门市某广场边缘的一组立体景观

图 3.16　颐和园后湖苏州街两岸

图 3.17　柏林某公园局部

图 3.18　加利福尼亚某广场

　　图 3.19 和图 3.20 则是违背统一法则的两组景观：图 3.19 为某校园园林景观，风情格调充满中国自然式古典园林风格，而内部沿湖布置西式风格的座椅，显然风格失去了统一感。图 3.20 为某休疗养院，是一个纯西方别墅式疗养院，但却配以东方景园建筑风格的琉璃瓦隔墙和月洞门，亦使二者表现出不和谐统一。

图 3.19　中国古典园林中的西式座椅

图 3.20　西式建筑配中国古典隔墙和洞门

　　从上述例子可以看到，多样统一的原则在景观的塑造中可以从许多方面加以体现，同时它也常与其他原则进行组合运用。

二、均衡的原则

　　均衡又称平衡，是人对其视觉中心两侧及前方景物具有相等趣味与感觉的分量。不均衡的布局，会使人产生不安全感、不统一感，以致难以产生美感。所以，在景观设计中我们需要应用均衡原则求得美景。

　　均衡最容易用对称布置的方式来获得，只要前方是一对体量与质量相同的景物，如一对石狮、华表、图腾柱、植物、建筑、水体等，均能让人立即产生平衡感，这就是常说的

"对称的平衡"，这在规整式布局的广场、道路、建筑、公园、庭院，甚至河道、桥梁等均可见到。如某学校主入口的对称均衡布置，左右进出口、教学建筑、花台、草坪、雪松的对称布置，增强了均衡感(图 3.21)。

图 3.21　某高校入口景观要素对称均衡布置

由于对称平衡容易出现呆板、拘谨、消极的缺陷，因此在景观设计中，人们也常常采用"不对称的平衡"，即借用不对称的景物从感觉上来求得均衡的效果。比如左侧一块山石，右侧一丛乔灌木，两者体量、质量均不相同，但因为山石的质感很重，体量虽小却可以与质感轻而体量大的树丛相比较，同样会产生平衡感(图 3.22)。

图 3.23 是美国俄亥俄州 Holden 树林园接待中心大门外，一侧是一块顽石，另一侧是一株乔木，二者求得了平衡；图 3.24 为某城市植物园大门内，在入口道路两侧设置的行道树，一侧是龙柏，另一侧是毛白杨，打破了传统上两侧对称相同的布置，给人感觉仍然是平衡的；图 3.25 中的设计同样能给人以均衡感，它是某公园的一个入口，虽然采用相同的材质设计成相同的月季花图案，但在右侧设置了一个大的，左侧摆放两个小的，便在入口两侧取得了平衡感。

图 3.22　山石与植物不对称的均衡

图 3.23　顽石与乔木质感和体量的不对称平衡

图 3.24　行道树高低、疏密的不对称平衡　　　　　图 3.25　大小、数量的不对称平衡

　　城市建筑立面的处理，也可以通过一边高起，一边平铺，或一边大体积建筑，另一边数个小体积建筑等方法来取得平衡感。图 3.26 是日本广岛厚生年金会馆建筑，它以一边较高，一边较低，一边横向，一边竖向达到立面上的平衡。

　　深圳国际贸易中心大厦，它以一边高起，一边平铺，即一横向一竖向的对比，取得高与低和横与竖的平衡(图 3.27 左)；广州天河区某建筑以左边 80 层高的体量与右边两幢约40 层的体量取得感觉上的平衡与稳定(图 3.27 右)。

图 3.26　横向与竖向的均衡　　　　　图 3.27　高与低、竖与横和数量的不对称均衡

　　美国曼哈顿的建筑群体景观以世界贸易中心为核心，主要由世贸中心双塔和金融中心四幢大厦组成，它们是通过双塔的高耸突出、四幢大厦与其他建筑的相对低矮获得了均衡和协调(图 3.28)。

图 3.28　曼哈顿的建筑群体景观

我们大家十分熟悉的巴西利亚国会大厦，它以出众的造型闻名于世。这组大厦建筑由27层的双塔办公楼，3层高200米长的会议楼以及悬索屋顶的众议院大厅和薄壳屋顶的参议院大厅构成一个整体。整幢大厦的完整、安全、平衡，甚至其新颖、奇特均由大厦的上部表现出来，尤其是两个一大一小、一个反扣一个朝上的半球体，再加上伸出27层高的并立式竖直办公楼，使大厦得到了不对称的平衡，成为人们视线的焦点(图3.29)。

图3.29　巴西利亚的国会大厦

　　图3.30是两个不均衡的实例。左图是一座塔式高层建筑，其形态让人感到头轻脚重，因为上部分和下部分尺度不统一，下部显得太大。为弥补这一缺点，又在屋顶增加了一个多角攒尖顶，更是弄巧成拙。因为这种屋顶形式一般不会用在这么大型，而且这么高层的建筑之上，导致了建筑形象更不协调。右图建筑形象的表现却正好相反，头太大，上下比例不够协调统一，从而影响了建筑的整体形象。

　　图3.31的表达效果，乍看上去还不错，运线用色较为娴熟、放松，技法也较自如且不拘谨。但仔细看其构图表现却有缺陷，画面构图右重左轻。右侧两棵大树距建筑物入口太近，且遮挡建筑过多，造成画面右部空间局促，而画面左侧略显空荡。若能将左右配景对调，构图效果将大为改善。

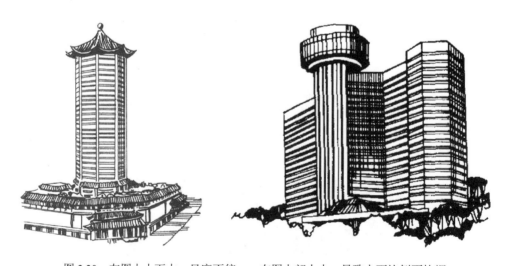

图3.30　左图上小下大，尺度不统一；右图上部太大，导致上下比例不协调

图 3.31　构图右重左轻

总之，取得均衡的方式是多种多样的，但要获得不对称的平衡感却并不容易，因为它是人对景物分量的一种感觉，要让人们通过不对称的景物在感觉上得到平衡感，其设计难度较大。如果把这种平衡比作一杆秤，支点正好就是视觉中心，秤砣好比设计的景物，可以移动，当秤杆达到水平状态时，景物就算均衡了。设计中最难的之处就是设计者必须感觉在先，因为人们观赏景物并不是像用天平一样，称过之后才断定是否均衡，而是凭感觉和理解来欣赏，这就要求设计者在感觉上要特别敏锐，而这种感觉并不是与生俱来，必须经过后天的努力训练。因此，作为景观设计者需要加强自身的训练和培养，善于观察思考，不断总结经验，再去认真设计，这样才有可能做出好的景观作品。

三、对比的原则

事物总量是通过对比而存在的，艺术上的对比手法可以达到强调和夸张的作用。对比需要一定的前提，即对比的双方总是要针对某一共同的因素或方面进行比较，如形状、质地、色彩、光影、明暗、虚实、线条、大小、方向等。它需要刻意突出个性的差异和不同而取得协调统一，以达到鲜明生动、活力十足、动感强烈的总体效果。通过对比可以给人们一种鲜明的审美情趣。

其实这种对比手法也就是"对比和谐"，即通过强烈、反差、鲜明的对比来求得和谐统一的美。比如我们可以利用背景来反衬出对比的效果。图 3.32 中白色栏杆前的一丛红花（一串红）；图 3.33 中常绿树前的白色大理石雕像（或浅色雕像）；图 3.34 中深色植物前的浅色小品（鸟浴池）；图 3.35 中深色的雕塑在植物背景布置时往往需要颇费心思，如俄罗斯彼得堡，用写实手法刻画出普希金作为诗人的特点；图 3.36 中白色建筑前的两株欧洲紫杉格外醒目；图 3.37 中深色植物前面一排白色栅栏也是特别醒目。这些景观既有色彩的对比，也有质地的对比，都是运用背景而反衬出的对比效果。

图 3.32　白色栏杆前的一串红

图 3.33　常绿树前的白色大理石雕塑

图 3.34　深色植物前的浅色小品与浅色花卉

图 3.35　深色的雕塑与绿色植物

图 3.36　白色与深绿色的对比

图 3.37　白色的栅栏以深色的植物为背景

　　波士顿柯普利广场在 19 世纪初就已经存在，位于古建筑三一教堂前。19 世纪末便开始多次改建，其中，20 世纪 60 年代和 80 年代最重要的两次改建使其成为人们最喜爱的地方。然而，人们喜爱它还因为它有着浓厚的时代感与历史感的和谐之美。由著名的建筑师贝聿铭设计，于 20 世纪 70 年代末落成的高达 60 层的汉考克大厦，就耸立在三一教堂旁。大厦采用简单的造型，设置反射玻璃幕墙。下层部分将古教堂清晰反映出来，上层部分反射出天空，明显减轻了大厦的体量感，甚至有扩大实际空间的效果。迄今为止，多数人认为大厦与古建筑、与广场的关系是十分得体的。通过多方面的对比，教堂更为突出，并使广场空间在包含历史美感的同时，极富时代气息(图 3.38)。

图 3.38　波士顿汉考克大厦与三一教堂现代感与历史感的和谐之美

　　巴西利亚三权广场上的国会大厦，就是在采用不均衡手法的同时，运用了多样对比、色彩对比、形状对比、方向对比等手法形成了和谐之美，给人留下深刻的印象(图 3.29)。
　　利用明暗的对比来突出某一景物也是一种较好的方法。图 3.39 是在同一片树林的内外拍摄的一组照片，一幅是由明到暗(左图)，一幅是由暗到明(右图)；在一片针叶林前面有一株新绿椴树显得格外清新，除了颜色对比，还有数量对比(图 3.40)；平坦细腻的草坪上阳光明媚，高大乔木投下阴影，造成明中有暗的对比效果(图 3.41)。

图 3.39　树林由明入暗或由暗入明的对比变化

图 3.40　深绿色背景前的嫩绿　　　　图 3.41　高大的乔木树冠投下阴影

　　图 3.42 是昆明植物研究所的植物园大门，它的门柱采用植物种子萌芽后的形态，设计出植物研究所的名牌造型，它表现出材质虚实的对比与黑白色彩的对比，立在大门处十分形象体宜；图 3.43 中竖直的塔在垂直方向上高耸屹立，与四周水平方向的平地、水面、栏杆和山体轮廓线形成方向上的对比，加之在绿色的树、黄色的琉璃瓦建筑的烘托对比之下，更好地突出了主景——白塔；图 3.44 中是新加坡花园城市中心的一个局部景观，前方横向延展的深绿色树木与后面竖向直立的白色钟塔形成强烈的对比，一竖一横、一深一浅、一高一低的对比使钟楼更显突出；美国华盛顿纪念碑，高达 169 米，四周所有的布置，如建筑、旗杆、植物等均较低矮，这种高与低的鲜明对比更加突出了纪念碑的高大挺拔和雄伟(图 3.45)。

图 3.42　虚与实、黑与白的对比

图 3.43　竖与横方向对比

图 3.44　深与浅、竖与横、高与矮对比

图 3.45　垂直与水平高大与矮小对比

　　其实，若要营造出对比的美学效果，方法有很多，因为在文字领域中对比的词汇有很多，如多少、高低、大小、浓淡、明暗、粗细、繁简、曲直、深浅、虚实、起伏、冷暖、开合、收放、近远、动静等。在景观设计中，如果能将其很好地加以运用，便能引起人们的注意和重视，甚至驻足而观；若运用不好则可能适得其反。因此，我们千万不要因为对比手法能创造良好的景观效果，而处处滥用，要明白"对比多了，等于没有对比"的道理。实际上往往是偶然一用对比的效果较显著，漫无目的地用多了，反而让人生厌或感觉无动于衷。

四、和谐的原则

和谐又称协调、调和，是指景物在变化统一的原则下相互配合给人以和谐感。它可以产生在同类景物之间，也可以出现在不同景物之间。调和的表现是多方面的，如形体、色彩、线条、比例、虚实、明暗等，都可以作为要求调和的对象。

上海东安公园里，一个临水露台的地面做了许多距离不等、大小不同的圆形图案，在深、浅紫色及灰色的磨石子水泥面上，显示出清晰的似浮水的荷叶样图形，看起来很有协调之美，并使真假荷叶达到统一（图 3.46）。

图 3.47 中的水池、草坪、道路、花坛形态以六角形水池为中心，互相嵌合，协调统一。图 3.48 的小路与蜿蜒的小河相互嵌合，协调一致。

图 3.46　形态调和　　　　图 3.47　不同元素协调统一　　　　图 3.48　小路与小河嵌合协调

图 3.49 为美国明尼苏达州大学植物园入口，在圆形的广场上设计了圆形的喷水池，只是位置偏向了广场的一侧，使得在统一协调中有了变化，并且与自然起伏的地形、自由式的绿化布置形成了很好的融合。

图 3.50 是城市一角的长方形广场，设置的水池和人工修剪的树廊均为长方形，取得了形状上的和谐统一。

图 3.51 为某城市一座立交桥下面的广场，各种高矮的花坛、蘑菇亭、地面花纹均为圆形，也是为了与高架桥弯曲形态相互协调一致。

图 3.49　圆形广场上的喷水池　　　图 3.50　长方形广场与水池　　　图 3.51　立交桥下圆形协调一致

图 3.52 是纽约世界金融中心的四幢大厦，它们的体态相互之间如此的和谐，可以说是在相似中求统一，在统一中求变化的佳例。它们的设计者西萨·佩里尊重周围已有的建筑，把它们设计成柱状，但又各自具有不同的轮廓和几何形的塔顶，使四幢大厦本身具有相互的协调性，并和周围的其他建筑，如世界贸易中心等建筑也十分协调，从而使该地段

的建筑群表现出具有和谐统一的整体美。

以下为两个不和谐的案例：图 3.53 是德国莱比锡为纪念战胜拿破仑建造的联军纪念碑，它的问题是尺度不统一，破坏了纪念碑的形象：拱门采用一种大尺度，而门下部的台阶则采用更大的尺度，每级达一层楼那么高，使它失去台阶功能；上面的雕塑又是一般尺度。尺度的混乱，导致人们感觉不到它的伟大，倒像是一座巨大的城堡。图 3.54 是上海外滩的两座建筑——上海海关大厦和市总工会，它们从正面看上去像是一前一后的布置，实际上它们是处于相邻的位置。本来从两幢建筑的门、窗等局部尺度和建筑的整体尺度相比较来看，都是相似的，但问题表现在它们的体量相差甚大，因此摆在一起就给人一种不协调感，甚至误认为它们是一前一后的布置。

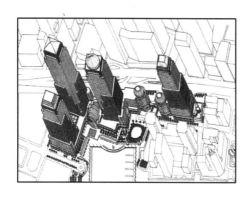

图 3.52　纽约世界金融中心

图 3.53　尺度不统一

图 3.54　上海外滩海关大厦和市总工会

香港阳明山庄是 20 世纪 90 年代完成的发展项目，平台花园在当时的设计中较为出色，精致的建造，得到了诸多好评，在众多项目中脱颖而出。但从外部上看，它与地势和整体山水空间的结合不理想，缺乏内外的渗透、嵌合和建筑线的起伏变化（图 3.55）。这也反映出城市建设中商业运作容易出现的弊端。比如，一些城市新区建设中常存在这样的问题，开辟用地，推平建设，但其结果与周围自然环境很不和谐与相融。因此景观设计应该提倡结合环境的一些自然微地形和植被的营造。

图 3.55　香港阳明山庄

从以上例子可以看出，和谐与变化统一二者是不可分割的，真正的和谐之美存在于变化统一之中，而多样统一的实现最终是由和谐之美来体现。

五、韵律的原则

韵律本源于音乐艺术，但是在自然形象或造型艺术中，我们也常会感觉到韵律存在，这是由于连续起伏地、重复地使用线、面、形、色彩、质感等所表现出来的效果，这种效果能让人像听音乐一样获得愉悦的韵律感。

图 3.56 中的某公园内，大小不同的圆环重复排列，在统一中有变化，又有交错的韵律感，并与旁边的水景波纹相互呼应；城市道路两旁的植物最容易体现出韵律感。图 3.57 是某城市干道上的行道树，碧桃和塔形松柏相间排列种在路边，形成简单的重复韵律；图 3.58 为某城市广场上由人工修剪的植物所表现的旋转韵律；图 3.59 中某城市街道两旁的热带树呈严格韵律出现，同时也可见路灯、树池中的植物、颜色都表现出很强的韵律感。不仅如此，道路的广告牌、垃圾桶、电话亭都可以按一定的韵律进行排列(图 3.60)。

图 3.56　圆环重复排列　　　　图 3.57　行道树的重复韵律　　　　图 3.58　人工塑造的旋转韵律

图 3.59　步道两侧各元素呈韵律出现　　　　　图 3.60　广告牌的韵律排列

　　在建筑修建中，它本身的许多部分或因功能的需要，或因结构的安排，都会产生一定的韵律感，如窗户、阳台、墙面装饰的重复，柱和廊的重复等。如墙柱与窗户的重复出现(图 3.61)；墙体中部白色半圆的重复出现(图 3.62)；白色水平线条在建筑物上表现出的垂直韵律(图 3.63)；以及屋顶的变化(图 3.64)，台阶的变化(图 3.65)，花坛边缘波浪往复的变化(图 3.66)，树林中台阶、扶手的重复出现等(图 3.67)。图 3.68 是河南省郑州市二七广场上的双塔，它本身具有垂直方向上的韵律感，但却与周围建筑、环境很不协调，它虽然置身于城市之中，但却表现为孤立和没有联系的构筑物，就像一尊不合时宜的雕塑。

图 3.61　立面柱与窗户重复出现　　　　　　图 3.62　墙面白色半圆的重复韵律

图 3.63　建筑物上白色水平线条表现出垂直韵律　　　图 3.64　屋顶的重复变化

图 3.65　台阶重复的渐变

图 3.66　花坛边缘波浪往复的变化

图 3.67　树林中台阶、扶手的重复出现

图 3.68　郑州二七广场的双塔

　　值得注意的是，追求韵律感仍然离不开统一中求变化的原则，特别是对整体景观而言，如果都采用严格韵律，就会显得生硬、呆板，甚至让人感觉千篇一律，所以可将几种不同的韵律交互使用，比如有的突出体型，有的突出色彩，有的交错或重复，有的自由，有的严整，就会让人从中享受到不同的韵律感。

六、简单的原则

　　简单一词含有朴素、坦率、天真的意思，用在景观设计中是指景物的安排要以朴素、淡雅、简洁为主。为了避免过分的拥塞、华丽、繁杂以及人造气息太浓厚，因此提出简单的设计原则，尤其是对那些面积、规模不大的景观场地，更需要重视简单的原则。很多学者都提出"简单就是美"的观点，实际上在景观营造中，很多地方只要简单设计，稍做点缀就能获得良好的景观效果，达到突出重点景观的目的。

　　图 3.69 是广西南宁南湖公园局部。这里选择当地的椰子树种，树林采取疏密不一的种植，树下再放上几块顽石当坐凳，远处一座不施油彩的凉亭，显现材质的本身，看上去十分简练，却别有一番南国风味，让人感到非常自在、凉爽、清新。

　　美国明尼苏达州的某个公园入口之一，采用一条木板两根柱，并在木板上写上公园名称的方式，来告诉游人已将进入公园境界。其设计朴素大方，营造出一种简单美（图 3.70）。

图 3.69 南宁南湖公园   图 3.70 美国明尼苏达州的公园

图 3.71 是林肯纪念堂，它并不十分的高大，但由于周围树木布置十分简单且矮小，便借以突出了建筑物的宏伟。又如巴西利亚国会大厦和教堂周围少量的植物点缀(图 3.72)；巴黎埃菲尔铁塔周围配景的植物少而精(图 3.73)；巴西利亚某广场的一尊雕像，布置在一个斜坡草地的上端，显得雄伟气魄(图 3.74)，它们的布置很明显都是为了突出主体景观或标志性建筑，避免喧宾夺主。

图 3.71 林肯纪念堂   图 3.72 巴西利亚国会大厦

图 3.73 埃菲尔铁塔周围配置植物少而精   图 3.74 斜坡草地凸显雕塑的雄伟气魄

在某市大型商业广场上用小型花钵装饰形式来点缀硬质景观，使环境变得亲切、温馨（图 3.75），对偌大的空间也起到了一个分隔。只有硬质铺装就会有种拒人以千里之外的感觉，尤其在一些人流活动量较大的空间，既要有人足够的活动场地，又要考虑空间场地的舒适性；一株乔木，少许花池，几条坐凳，以简洁的方式配置起来，就可以为人们提供了恬静的美，惬意的美（图 3.76）；用石片铺成的花坛，摆上两块石板，再用少量蕨类植物点缀，这就形成了一个表现抽象艺术的小空间（图 3.77）；街边的一个小绿地，采用简洁流畅的平面布局，显现出整体的美，也会让人感觉清新、舒畅（图 3.78）。

图 3.75　花钵装饰形式点缀街道硬质景观

图 3.76　一株乔木，少许花池，几条坐凳

图 3.77　抽象艺术空间

图 3.78　简洁流畅的平面布局

运用简洁的手法营造景观，设计者需要预先明确想要表现什么、突出什么，然后才能有的放矢地进行设计。

以上谈到的景观规划设计的原则，或者说是景观造型的法则，也可叫作景观规划设计手法，运用起来并不容易，需要不断地在学习和工作中慢慢掌握，这些法则只有通过大量的实践和训练，在积累了一定的设计经验后，才有可能熟能生巧。

不难体会，景观规划设计的确是一门很难掌握的技能，它既是一门多元化的综合艺术，又是一门广泛而又综合的应用工程学科，融合了建筑、造园、园艺、生态、规划、工程、艺术、人的行为与心理等多方面的内容，致使与设计相关的因素非常之多，非常之广，而且更具艺术性。因此，景观规划设计要求设计者要知天文地理，懂人文历史，要精通造园术，晓绘画和雕塑，要懂建筑、城市、社会、工程；懂得运用植物来设计，最好还能了解相地、望风水。因此，这就需要设计者几乎是无所不知，无所不能。显然，要想创造性地设计出品味很高的景观作品，我们必须付出极大的精力和艰辛的劳动。

第四章　城市景观要素规划设计

第一节　自然景观要素的景观处理

城市自然景观要素包括气候、地形、土地、水体、大气、生物等，在设计中首要任务是要充分认识与了解它们的特征和对城市造景的作用，从而使它们潜在的美学价值得到充分的发挥和显现。

一、地形

在自然环境中，对城市景观设计影响最大的是地形，它既是可以利用的要素，又是可以改造的对象。

1. 不同地形条件的景观特征

1）平地

平地常以线或面的形式展现，形成平缓、广阔的景观。但是由于地形起伏很小，缺乏三度空间感，易使景观平淡、发散、无焦点。所以，比起山地、坡地等地形，要在平地上创造令人向往的、具有丰富变化的景观，有一定难度。在设计中可采用以下方法：

（1）利用建筑物或构筑物自身的高低，以及绿化植物的高低，获得三维空间的变化（图4.1）；采用挖坑、筑台、架空道路的手段获得景观的变化（图4.2和图4.3）；利用植物的围合，对建筑采取适当的遮挡来丰富景观的内涵（图4.4）。

（2）大胆运用色彩，借助于光影效果，加强空间的变化；华沙某居住区，通过大面积绿色草坪，与住宅群鲜艳的屋顶、洁白的墙体，形成强烈的环境形象，让人忽略地坪的平淡（图4.5）；一座水上城市，大胆地运用鲜艳的红色作为屋顶色彩，成为蓝色海洋中的一叶红舟，而城中最高的塔楼则用白色与红色形成鲜明对比，成为该座城市的标志和人们的视线焦点。塔楼的阴影投射在地上犹如日晷一斑的造型（图4.6）。

图4.1　草地、绿篱、乔木由低到高的变化

图4.2　采用架空道路获得景观变化

利用高层建筑或挖土筑台

利用树、石、水

图 4.3　打破平地单调感

图 4.4　利用植物遮掩丰富景观内涵

图 4.5　鲜艳色彩对比增加空间感

图 4.6　蓝海中的一叶红舟

(3)突出重要景点和景物，利用它控制整个地区，成为主宰，如图 4.7 中巴黎的埃菲尔铁塔(324 米)，图 4.8 的加拿大的国家电视塔(553 米)，图 4.9 中国的上海东方明珠电视塔(468 米)，图 4.10 的北京中央广播电视台(405 米)，图 4.11 中美国的华盛顿纪念碑(169 米)，江苏泰州兴化镇古塔。特别是华盛顿纪念碑，它的高度经过特许超过了国会大厦，达到 169 米，奠定了它作为全市的视觉焦点和景观标志物的地位。白天它通体纯白，傍晚时分在落日的映照下又呈现金黄色，夜晚在灯光的作用下它又好似黄色的透明体，十分美丽壮观。

　　而另一方面，由于平坦观景广度和深度较小，所以还须常需要借助高大的建筑物或者眺望塔(台)，以获得整体或较大范围的概貌。因此它们既是景点，又是观景点，要予以十分重视。比如四川绵阳市区的越王楼、富乐阁，广元市的凤凰楼，南京的建国饭店，江苏镇江市的金山寺等。

图 4.7　巴黎埃菲尔铁塔

图 4.8　加拿大多伦多国家电视塔

图 4.9　上海东方明珠电视塔

图 4.10　北京中央广播电视塔

白天

黄昏

夜晚

图 4.11　华盛顿纪念碑

（4）尽量利用自然或人工的山石、水体打破平地上的单调局面，形成有分有合、曲折多变的城市景观。如图 4.12，开阔的水域成为城市中美丽的风景，大面积的水面加之草坪、树木的布置，显得十分的自然流畅，使城市处于优美的环境之中（图 4.13）。

图 4.12　宽阔水域是城市中美丽的风景　　　　图 4.13　处于自然、优美环境中的城市

加拿大安大略省的一处 45 米高的人工假山景观，山上奔流而下的瀑布，高低不同的两个水池，水体有静有动。在平坦的地形上有这么一处山体，再加上壮观的水景，对人们有着非常大的吸引力（图 4.14）。

图 4.14　加拿大安大略省一处假山与瀑布景观

2）山体与坡地

城市中的山地、坡地的地形高差变化，无论在使用上，还是视觉景观上，都会具有区别于平地的突出个性。设计中应该以尊重地形的变化条件为前提，把它们组织到城市景观的构图之中，创造既经济实用，又丰富怡人的景色。

山坡地形的景观特征，与平地相比，一般表现在以下四方面。

（1）变化性。山坡地形的高低起伏，使空间任何一点都具有三维量度的变化，因此常可以使城市空间景色层次丰富，且又富于变化。

图 4.15 是南美某地的一座城镇景观，它十分有特色。成片的建筑顺应地势由低处往高处蔓延。但是这样的特色我们并不提倡，它会使得实际的环境变得十分糟糕，甚至恶劣，并且没有形成良好的轮廓线。

图 4.16 是南京的局部城市面貌，该地段的建筑随着地形顺势布置，富有层次感，并

且到处绿树葱葱，环境优美。

图 4.15　南美某城镇　　　　　　　　　图 4.16　南京城市局部面貌

　　(2)流动性。坡地与平地比较，则多富于流动性，如地形的起伏，道路的曲折。如图 4.17，旧金山的街道随地形起伏，表现出强烈的韵律和动感；旧金山有名的花街，建在一个 40°的陡坡上，由八个急转弯组成的蛇形曲线道路，尤其是当汽车在这条路段上减低速度，左弯右拐缓慢地行驶时，一辆接着一辆的汽车组成了一条蜿蜒蠕动的"车龙"。花街的这种独特景观使其成为旧金山一条有吸引力的标志性街道，吸引着外来的游客慕名前往观望。行人则是沿着边上的步行梯步上下行走。

图 4.17　旧金山山地城市随地形起伏的道路和有名的花街

　　(3)方向性。首先由于坡地的坡向决定了城市空间有较强的方向性；另外，凸形的山丘具有较强的放射性；而凹形的山丘或谷地则有较强的向心性。因此，在组织城市景观时一定要考虑这些特点。

　　比如，利用地形高低来烘托建筑的气势，把建筑摆放在高地上，或把主体建筑、构筑物建在山顶上，使其视野开阔，居高临下，更具气势(图 4.18)。其他的建筑也由下向上布置，这样就能使建筑与自然景色浑然一体，形成突出的空间效果。图 4.19 是法国圣·米歇尔山城，人称"纪念碑式都市"，整座城市顺山势而建，主要建筑居于山顶，居高临下，气势宏伟，成为城市的景观标志与视线焦点。图 4.20 的耶路撒冷，城市沿坡地逐级向上，方向性很强，高层建筑置于坡顶，更强调了地形的起伏与轮廓线变化。

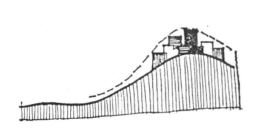

图 4.18　利用高地烘托主体建筑气势

图 4.19　法国圣·米歇尔山城

图 4.20　耶路撒冷山地城市

图 4.21 为山地布置示意图，表示在相同的地形条件下，建筑物不同的布置。图中分别为一种坡地或山地的山腰部位，由两个山脊和一个山凹(凹谷)所组成。布置建筑时应考虑让其前低后高，并有良好的视野和日照。所以在可能的条件下，应将建筑集中布置在山坡的凸脊处(左图)，四周设置绿地，使之与自然相互协调，互为衬托；若将建筑布置在山凹处(右图)，所突出的会是自然景观，建筑则不易引人注目，视野与日照也就较差。

而在山坳、山谷，一般是将建筑布置在凹地到沟谷地的边缘或两侧，中部作为道路、绿地，这样效果就相对比较好；若将建筑布置在凹地或沟谷地中间，就会比较封闭，并因建筑填塞了凹地，效果就会变差。特别要注意的是，当在各地建造了较多的高层建筑后，就会使建筑与两边高地形处于同一水平高度，空间效果变差(图 4.22)。

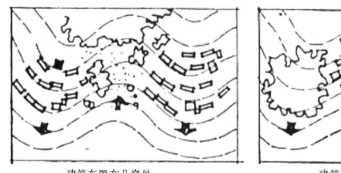

建筑布置在凸脊处　　　　　　　　　　　建筑布置在凹谷处

图 4.21　山腰、坡地建筑布置

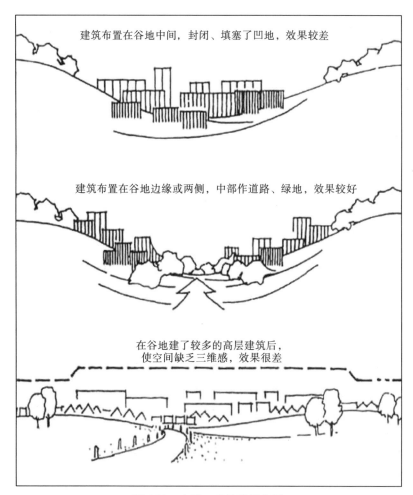

图 4.22　山坳、谷地建筑布置

　　由此可见，在山地或坡地，建筑的布置和绿地的布置均应依势错落，相互衬托。

　　(4)眺望性。俗话说"登高望远"，山坡地的地势比平地要高，甚至高很多，站在坡地上放眼望去，必定能获得更为广阔的视界，展视面大，易于显示各种场景。所以，城市的观景点、眺望点、景观控制点可以选择在山地或坡地上。

通过以上对平地、山地这两种不同地形的景观特征分析，认为山地的景观价值明显大于平地。因此，有山地、坡地条件的城市，可以说在造景上就已经获得了良好的先天条件。

2. 山地景观的价值和利用

1) 作为城市远景透视和背景

（1）与城市毗邻的延绵的山峦宜组织到城市空间中来，若是秀山、奇峰更可借景。为此，应适当留出景观走廊，避免高大建筑物等遮蔽视线，让人们在城市的一些点、线上能观望到周围或远处的山景。

如意大利佛罗伦萨周围连绵起伏的山峦(图4.23)，旧金山城市对岸的山地(图4.24)，瑞士远处的秀丽山峰(图4.25)，雅典山地卫城远眺(图4.26)，它们都为城市景观增色不少。

（2）在重要的制高点处，巧妙地布置点缀一些人工建筑、构筑物，可作为进入城市的预示和标志，既可以丰富城市景观内容，又能以此加强对城市空间的限定，还可作为重要的观景点。如雅典卫城(图4.27)；梵蒂冈圣彼得大教堂，建在城市高地上，由此可远眺整个罗马城(图4.28)；南京北极阁山的鸡鸣寺塔(图4.29)。

匈牙利的布达佩斯分居在多瑙河东西两岸，西岸的盖雷特山是一个制高点，在此山顶设置了一个自由纪念碑，它是为了纪念二战后匈牙利获得胜利及解放而建立的，主体是一个妇女高举象征自由的橄榄枝。它高高地耸立在盖雷特山顶，成为城市重要的景观标志物(图4.30)。

图 4.23　意大利佛罗伦萨

图 4.24　旧金山城市对岸

图 4.25　瑞士城市风光

图 4.26　雅典卫城远眺

图 4.27　雅典卫城近景　　　　　　　　图 4.28　梵蒂冈圣彼得大教堂

图 4.29　南京北极阁山顶上的鸡鸣寺塔

图 4.30　布达佩斯西岸盖雷特山顶上的自由纪念碑主体

　　(3)山也可作为城市定位控制和构图的主要因素，使它成为人们视线的焦点与欣赏对象，具有很高的审美价值和导向作用。如桂林街道多以某座山峰为对景，形成了很好的街道景观，也使得道路系统明晰易辨，有助于对城市的感知。同时，城市中重要标志物也具有定位的控制作用。如巴西里约热内卢是一座滨海山地城市，它尊重自然地形，不进行人为破坏，依山傍水，景观十分优美(图 4.31)。

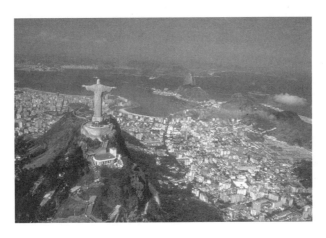

图 4.31　巴西里约热内卢的山顶鸟瞰

2) 保留山体的自然美形象，构成城市佳景

(1) 按自然地形来布置建筑和空间，形成道路曲折蜿蜒，建筑及构筑物高低错落、鳞次栉比等景象。

安徽九华山的中心镇是保持传统形式比较成功的一个城镇。城镇景观很有特色：周围的山体连绵不断，绿色茫茫；近处的城区依山顺势而建，建筑层层叠叠，道路弯转其间；白墙红顶的房屋与铺满绿色的铺地交织一起，城镇的景色自然而美丽(图 4.32)。

图 4.32　安徽九华山中心镇

(2) 山脉和陡坡往往可成为城市良好的轮廓线，如将山脉作为城市背景，或者将建筑按照山势布置，也可形成高低起伏且和谐的轮廓线。为此，应留意山势的整体变化。

3) 利用山体和地形高差，突出城市景观的人工美

(1) 由于地形起伏，有高有低，可为人们提供观景的仰视、平视、俯视条件，可多角度地领略城市风光以及获得多层次的城市全景。

在平地上无论平视还是仰视，视野范围都比较窄(图 4.33)；而山地就不一样，在不同高度的点上，即可获得不同的平视效果，范围较宽广(图 4.34)；在山地低处或高处均都可

进行仰视,只是需要结合视点与视角的情况,考虑无遮挡或半遮挡观赏,以获得预期的构想(图 4.35);而当人们站在高处向下俯视城市时,一切景象尽收眼底(图 4.36)。

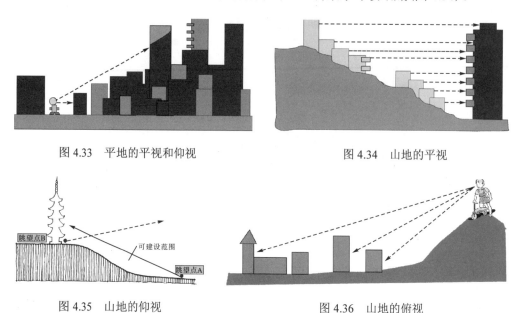

图 4.33　平地的平视和仰视　　　　　　　　图 4.34　山地的平视

图 4.35　山地的仰视　　　　　　　　　　图 4.36　山地的俯视

　　图 4.37 是西班牙的一个著名城市——格拉纳达,该城极富特色,整体风貌素洁、淡雅、清新,它与地形、植物等自然环境很好的有机结合在一起,与伊斯兰教文化和信仰也十分适宜。

图 4.37　西班牙著名的城市格拉纳达

　　(2)有山必有水,利用地形高差,多创造瀑布、跌水、喷泉、溪流等水景,使城市景观更具魅力。如在斜坡上用石头铺成小道,形成富有节奏感的叠水景观,使静态的山体表现出动态的效果(图 4.38)。如流淌的小溪,减轻了人们行走在缓坡上的疲惫(图 4.39)。

图 4.38　斜坡上用石头铺成水道　　　　　　　图 4.39　流淌的小溪

（3）结合地形，布置上注意重点与一般兼顾，滨水与山体、绿化兼顾，形成远近结合、上下呼应的城市空间环境。

在结合地形布置城市景观方面，旧金山可谓是一大典范。它是位于美国西海岸的一座滨海山地城市，市内有大小山丘 40 多座。城市整体景观格局的重点是强调对自然山地形态的维护和强化。首先是有较多道路垂直等高线和海岸线（图 4.40），道路自海岸线随等高线上升加强了山势的高耸感（图 4.41）；其次对建筑进行分区布置，高层建筑按要求大多布置在山丘顶部，低层建筑则布置在山坡和山谷之中，更使山城景观特征得到强化（图 4.42）；另外，设置了一座高 853 英尺（260.165 米）的全市最高建筑——泛美大厦，它呈金字塔状，这种形式与山体有一种巧妙的呼应，使之成为全市的视觉焦点，给城市整体景观带来了活力（图 4.43 和图 4.44）。当然，从功能角度出发，这种城市布局不是十分可取，因为这为人们上下坡带来困难，但景观上的确有特殊的魅力。而旧金山的市民出行以机动车为主，所以这种布置还是可行的。

图 4.40　道路垂直等高线　　　　　　　　　图 4.41　道路随等高线上升

图 4.42　建筑分区强化山城景观

图 4.43　旧金山泛美大厦

图 4.44　泛美大厦鸟瞰

　　另外，许多山丘还保留着大面积的绿地，沿海岸线也布置有大规模的滨海绿化带和众多公园。如世界上最大的人工公园——金门公园，东西长约 5 千米，南北宽约 0.8 千米，占地约 405 公顷，从西海岸线向东连绵，几乎横贯半个旧金山。它始建于 1870 年，是在纽约中央公园建成 12 年后开始兴建的，现在已经有 130 多年历史。旧金山的众多公园使城市景观体现了自然与人工的交融，整体结构上表现为由海岸向山顶，从一山到另一山的远近、上下的呼应，从而形成了旧金山滨海山地城市的鲜明特色(图 4.45)。

图 4.45　旧金山金门公园

3. 保护自然地形与特色景观

在营造城市景观时，无论是平原还是山地，我们都应该通过尊重自然、保护生态的主流思想来进行。因为自然形体以及山顶、丘陵、湖泊、河流、海湾、岸线、旷野、谷地等景观要素的利用常常是城市的特色所在。只有很好地分析城市所处的自然地形特征并再加以精心组织，才能形成个性鲜明的城市景观格局。如南京的"襟江抱湖，虎踞龙盘"；桂林的"山、水、城一体"；海南三亚的"山雅、海雅、河雅"；又如美国旧金山的"自然与人工交融"；布达佩斯的"一城两景"；堪培拉的等腰三角形格局；北京的轴线对称格局；巴西里约热内卢的"依山傍水"；以色列耶路撒冷的"顺山就势"等，这都是因为设计者巧用地形进行有节制的建设，才使城市与自然有机地结合起来，创造出城市的景观个性。

其实，在城市现代化的开发建设中，在市区的内部，特别是在中心城区，保护一片原有的地形，或者恢复其自然景观，不仅是造景的需要，也是维护生态平衡的需要。如图 4.46 中澳大利亚的布里斯利中心地区保护下来的原有地形；北京市区的景山公园，在钟鼓楼以南，位于城市中轴线上(图 4.47)；波士顿市中心的一片坡地绿化(图 4.48)等。

图 4.46　澳大利亚布里斯理中心区　　　　图 4.47　北京中轴线上的景山

图 4.48　波士顿中心绿化

　　图 4.49 是柏林的自然景观，而它是经人工恢复而成的。二战结束后，柏林成为一片废墟，大量建筑被毁，城市自然景观也遭到严重的破坏。尽管当时西德经济十分困难，可为了恢复城市景观，政府仍然做出决定，把城市中的战争垃圾收集起来，堆积成一座几十米高的小山，并在上面砌石、覆土、种植树木。半个多世纪过去后，这个用战争垃圾筑成的山体已是绿树成荫，人工溪流从山上潺潺流下(图 4.50)。它不仅仅带给这里的人们良好景观和生态环境，还有一种创造精神，这种精神正激发着人们关心、热爱自己所生活的这座城市，让它变得更加美丽、富饶，充满和平与宁静。

图 4.49　柏林人工恢复的自然环境　　　　　图 4.50　战争垃圾堆积成的山体

　　现代城市特别希望回归自然，也即是说能够在城市中拥有自然景色、乡村景色。因此有人提出反规划，即不建设的规划，给城市留下原汁原味的景象，建立浓郁的乡土生境系统。其实，换一个角度说，就是强调一种保护性规划。

　　俞孔坚教授提出"反规划"的概念和理论，是针对传统的城市规划设计出现的弊端，提出需要运用逆向思维进行城市设计的思路。反规划是指城市规划和设计首先应从不建设用地入手，而非传统的建设用地规划，应优先规划和设计城市的生态基础设施。这是一种逆向思维的规划设计方法论，以不变应万变。他在《城市景观之路》一书中讲道："如果把城市规划作为一个法规的话，那么这个法规需要告诉土地使用者不准做什么，而不是告诉他们做什么。但现行的城市规划和管理法规恰恰在告诉人们去开发建设什么，而不是告诉人们首先不做什么。这是一种思维方式的症结。"

　　以上关于地形的造景方法，实质上概括为八个字——"因地制宜、依形就势"，这八个字的规划思想在前述的我国传统风水说中反映得十分突出。不管我们对城市与风水的关系赞同还是不赞同，因地制宜、依形就势是我们在城市景观设计中应该坚持的规划思想。

二、水体

　　城市中的水体，大到自然的湖海，小到人工的水池、喷泉，它除了提供人们的生活用水，改善气候，有利于开展水上活动外，在城市景观组织中也是最富有生气的要素之一。它活化了景观，给城市带来了灵气。水的光、影、声、色、味是城市中最动人的素材，再加上水固有的特性：可动，可静，无固定形态，能发出有声响，使得水景的塑造变化万千(图 4.51)。

图 4.51　千变万化的水景塑造

a.宽阔的水面成为构成城市总体风貌的重要部分；b.植物、建筑和水体在光影作用下融为一体；c.城市水体成为人与自然间的
情节纽带，人们喜欢到水边休息、玩耍、观景；d.喷泉展示出水体活泼、跳跃的美感；e.台阶式的叠水设计，与建筑合而为一，
富有奇趣；f.蒲公英球形喷泉，活泼可爱；g.建筑、水体在晚上光影的作用下，把人带进了引人入胜的梦幻场景；h.水的另外
一种风姿：冰天雪地、晶莹剔透（凡尔赛宫）。

　　总之，由于水性多变，静止的水、潺流的水、喷涌的水、跌宕的水，以及随之而来的
水的欢歌与乐趣，都成为城市景观中最有魅力的主题。

　　然而，水对于平原城市来说更为重要，因为平原缺少起伏的山脉，在比较单调的地形
基础上，水则成为造景的最主要元素之一。这在风水理论中也有相应的论述，我们前面提
到的"枕山、环水、面屏"这一风水景观构图模式只适用于山区和丘陵地带，而对于许多
江湖平原地区，风水术继承了"靠山吃山，靠水吃水"的传统，明确提出适应山地与平洋
两种地区的因地制宜要求。针对平洋地区没有山，而有水的现状，风水术便按照水乡特点
来安排，以水为龙脉，以水为护卫（相当于山丘地带的青龙、白虎），形成"背水、面街、
人家"的另一种理想环境模式，我国江南许多水乡城镇大多沿用了这样的模式。其实这种
"背山、面街、人家"的居住环境本身就很具特色。

　　江苏省常熟市是国家级的历史文化古城，在城市建筑中十分注意对城市古城区的保护
（图 4.52）。从图 4.53 中可清楚地看到"背水、面街、人家"的一种风水环境，充满浓郁

的水乡特色。临水房屋基座较高，最多两层楼房，一般为平房，前面当街，背后必有一门通向小河，然后两岸由小桥联结，展现出一幅粉墙黛瓦人家景象。水城威尼斯也表现出类似的格局，比如叹息桥—过街楼(图4.54)，但建筑风貌差异较大。

图4.52 江苏省常熟市   图4.53 苏州水乡人家   图4.54 威尼斯叹息桥

1. 水景的处理

1)水在城市中的表现形式

水景有自然状态的水和人工化的水两大类。景观设计应根据其自然条件、环境气氛和使用要求、工艺技术等因素考虑，以形成不同的水景与水趣。

(1)自然状态的水体。包括溪流、江、河、湖、海等，它具有两种含义：一是指充分利用大自然所提供的天然水景，依水就势布置城市空间，创造出各种富于变化的城市景观。比如著名的水上城市威尼斯以及我国江南的一些水乡城镇就是极为典型例子；二是改造水体或岸堤造景，使自然状态的水在城市中不是简单的再现，而是由人工技术创造，经过艺术提炼使其有更理想的构图和意境，这种形式比较多见。从世界范围来看，引用自然水体，组织城市构成独特景观，有著名的水上城市威尼斯，荷兰的阿姆斯特丹(图4.55)。而阿姆斯特丹没有什么著名的建筑，城市发展历史也不久远，但它却依靠自己独特的形式，同样成了世界级名城。它与威尼斯有许多相似之处，也是因为水运贸易发展起来的。城市中水道纵横，但阿姆斯特丹的水道和陆地与威尼斯相比显现出更为强烈的人工痕迹。它最大的特色为：中间一条运河，两边是道路，路边是三至四层的房屋，每幢房屋的沿街面均为一道竖长的山墙面。从整体上看，运河的两边是堤岸，堤岸上是可以行车的道路，路边的住宅面向运河。这使得堤岸仿佛是两岸住宅楼之间的庭院，运河则是庭院中的水景，似乎庭院也就成了城市的公共花园，堤岸上的路和运河又是城市中的道路。这样就表现出整个城市就像一座漂浮在水上的巨大花园(图4.56)。所以，阿姆斯特丹被称为"整体城市"。

法国巴黎没有发育的水系，主要有一条塞纳河流经此地。最初罗马城堡建在小岛上，后来形成塞纳河渡口的一个城岛城市，而后发展成为现在被河道一分为二的城市总体格局，如图4.57所示。它的主要特点是在城市中部有被河道所围合的两座城岛(图4.58)。

一般来讲，江、河、湖的堤岸经过了人为的改造，有别于天然的岸线。图4.59是天然的水体，河边的滩涂丰水期被淹没，枯水期就露出来；图4.60是新西兰的自然水体与岸线，图 4.61 是颐和园中人工处理的水岸线，图 4.62 也是经过规划的驳岸处理。但也有很多驳岸虽由人做，宛自天开(图 4.63)。

图 4.55　阿姆斯特丹平面图

图 4.56　阿姆斯特丹鸟瞰

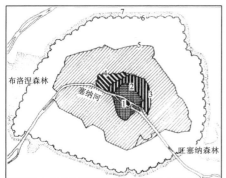

图 4.57　巴黎平面图

图 4.58　巴黎岛城鸟瞰

图 4.59　天然河边滩涂

图 4.60　新西兰的自然水体

图 4.61　颐和园中人工处理的水岸

图 4.62　规划的自然驳岸处理与岸线

图 4.63　虽由人做，宛自天开的驳岸

（2）人工水体。是指完全经过人工垒砌的水渠、水道、水池或人造叠水等水景观。

2）水景设计要求

城市中的水景是与街道、建筑、桥梁、绿化、驳岸、小品等综合构成，设计中要注意创造以下条件。

（1）近水与亲水。自古以来，水就为人们所喜爱。随着生活现代化程度的提高，人们对大自然的向往越来越强烈。返璞归真、拥抱自然成为大多数人的渴望，而城市中的水体恰恰满足了人们亲近自然的凤愿。因此，创造近水、亲水的条件是为了满足人的生理和心理需求，同时也是水体能给人良好景象的一个前提。因此，设计中一定要考虑加入这一条件。尤其要注意是在一个不太大的环境中，因为如果人离开水面太远、太高或者水质浑浊、有味、少流动，就难以甚至没法体现近水性和亲水性。

当然，亲水和近水与水体堤岸的处理也有关系。如人工水池，其平面形式分规则式和不规则式。当水池平面为规则的几何图形时，池岸一般都处理成让人能坐的平台，使人们能接近水面，它的高度应该以满足人的坐式为标准，池岸面距离水面的高度以手能摸到水为好（图 4.64 和图 4.65）。这种几何规则式的池岸构图比较严谨，限制了人和水面的关系，在一般情况下，人们是不会跳入水池中嬉戏的。

相反，不规则的池岸与人比较亲近，高低随着地形起伏，不受限制，而且形式也比较自由。岸边的石头、沙地可供人们坐憩，树林可供人们纳凉，人和水完美融合在一起。这时的池岸有阻隔水的作用，却不能阻隔人与水的亲近，反而缩短了人与水的距离，有利于满足人们的亲水性需求（图4.66）。

如北京农业科学院前的地面喷泉，人可以进去与水同乐（图4.67）；澳大利亚墨尔本的人水情缘（图4.68）；某城市的湖边堤岸，布置一条人们喜爱的游步道（图4.69）；澳大利亚布里斯班的黄金海滩，这里不仅有大海、沙滩，更有四季如夏的适宜温度，因而全年游客不断（图4.70）；我国海南三亚美丽的亚龙湾（图4.71）。

图4.64　科普利广场水池规则式池岸

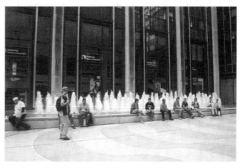

图4.65　广场上细长的喷泉与高高的水池

图4.66　不规则的池岸

图4.67　地面喷泉

图4.68　水系情缘

图4.69　湖边堤岸——人们喜爱的散步道

图 4.70　布里斯班的黄金海滩　　　　　　　　图 4.71　海南三亚的亚龙湾

（2）注意水体尺度。水的尺度方面要注意水体的宽度和深度设计。从城市广场小尺度水体，放大到城市整体空间来考虑对水体的设计，远要复杂很多。它可以是一个巨大开阔的范围，也可以是一个局部狭小的场地，有时候它主要考虑与人的尺度关系，有时则是以宏观的城市空间为参照。但一般情况下，水体的设计需考虑：当水面宽度超过 200 米时，水体对面景物的色彩和轮廓就会模糊。这时我们可以考虑适当加大对面景物的体量或者缩小水面的宽度，以使人们对岸上景物的观赏能获得一个好的效果，即使是天然的江河水体，也要适当考虑这个问题，因为人们喜欢到水边观景。另外，人工水池的一般水深以 35 厘米为宜，不宜超过 40 厘米，以免发生溺水事件。

通常人们在利用水体造景时，对大面积的水面往往比较重视，不仅比较注意与城市面貌相结合，也比较注意对水体的保护。大水体如杭州西湖、肇庆星湖，中小水体如桂林榕湖、安徽芜湖镜湖等都是成功的实例。但对于小河小塘，就往往视作城镇建设时的"阻碍"而一填了之。填河总是以"臭水沟、污染环境"为由，这实际上是倒打一耙，因为这分明是工业、生活污水污染了河水，却反被说成是河水污染了环境。实际上小面积的水不但能美化环境，而且对改善小气候、组织排水都有好处。江南水乡的"小桥、流水、人家"，就是利用小河、小港的优秀典范，每年吸引了成千上万的游客前来观光游览。

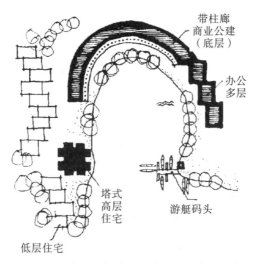

图 4.72　美国雷斯敦卫星城安尼湖中心示意

另外，如果能在居住区内合理保留、组合这些小块水面，将大大增加居住区的吸引力，也是造成设计特色的一大因素。美国雷斯敦卫星城安尼湖中心即是优秀实例之一，如图 4.72 所示。

（3）搞好滨水带的综合设计。当一个城市处于依江傍海的滨水区域，则有得天独厚的自然景观，如辽阔的蓝天，大片的水面，蜿蜒伸展的沿岸等。滨水地域作为城市的前沿往往也集中有大量的建筑，成为观赏城市轮廓线的最佳位置。

针对规模较大的水体滨水带景观，主要包括驳岸，绿化，小品（雕塑、坐凳、垃圾桶、照明灯）的配合设计。水体岸边不仅是人们观景、游憩的好场所，也是人们亲水、近水的好去处，所以这是水体设计的一个重要环节。

城市滨水带的设计处理，大致可分为两类：一类注重人为景观，其人工痕迹较明显；另一类偏重自然形态，虽为人作，宛若天开。

塞德滨湖林荫道

塞德滨湖令人舒适的亲水环境

塞德滨湖沿湖岸延伸的宽阔草坪

芝加哥河岸

芝加哥河滨水带处理

图 4.73　芝加哥市芝加哥河岸与城市滨河水岸的处理

图 4.73 中表现的是美国芝加哥市的水岸处理。纵贯芝加市的芝加哥河从中心区附近向东横穿市中心又与密歇根湖相连通。这条河岸的处理没有着意留出绿化空间，而使建筑紧邻河岸发展。河岸和滨河步道由建筑底层或二层延伸部分来构成，沿岸设置栏杆、路灯、垃圾箱、树木等。然而，芝加哥市密歇根湖的水岸处理却是另一番景象：宽阔的湖滨林荫道、沿湖岸延伸的大片草坪；令人舒适的亲水环境，形成了城市中开放性的滨湖绿带，此带平均宽度约 1000 米，绿带内除了芝加哥自然博物馆等几个公共建筑之外绝对禁止任何房地产开发，很明显这是偏重于自然形态的处理，这也是现代景观规划设计的一种追求，一种倡导。

图 4.74 是波兰首都华沙城市的滨河绿廊带，基本上充满了绿树和草坪，除了滨河步道和自行车道外，很少设置人工设施，人们可以在这里散步、休闲。看上去它更趋于自然化，主要是在植物的栽培方面减少了人工修建的痕迹。

图 4.74　华沙沿维斯瓦河的滨水廊带

图 4.75 是美国新奥尔良市的一个滨河公园，公园以大面积绿化为主，临密西西比河一侧开辟了一条滨水步道。步道略低于公园场地，二者之间设置了沿步道延伸的超长台阶。步道上和公园里还设置了一系列的小型广场和休息场地，里面布置了各种雕塑、树池、休息亭等设施。整个公园空间完全向密西西比河敞开，大大扩展了公园的景观视野，也为城市创造了一个自然亲切的亲水环境。这一滨水带的处理应该说是上述两种方式的结合。

滨河公园滨水步道

环境雕塑　　　　　　　　　　　休憩场地和树池座椅

环境雕塑　　　　　　　　　　　　　　　休憩广场

图 4.75　新奥尔良滨河公园

图 4.76 是美国纽约某公园城的滨水地带，也是宽阔草坪、绿地加散步道，沿步道设置了较多的座椅，给人们创造了一个近水的环境。

图 4.77 为波士顿的中心绿地对湖岸的处理。这里绿树成荫，树下是人们的休息场地，外侧为步道。

图 4.76　纽约某公园滨水地带　　　　　　图 4.77　波士顿中心绿地湖岸

图 4.78 是我国城市滨水带较常见的处理方式，临水是河堤、栏杆，然后是绿地、步道，再外可为车行道。图 a 是桂林漓江绿化散步道，种植了遮阴避晒的乔木；图 b 是某一城市的滨湖沿岸，这条弧线处理较为灵活；图 c 中的上海外滩基本也是这种布置方式，分为上下两层，各种设施比较齐全。

a.漓江绿化步道　　　　　　　　　　　　b.某城市的滨湖沿岸

c.上海外滩沿江步行广场

图 4.78　我国常见城市滨水带处理

图 4.79 是南京夫子庙滨水带处理，分为两层平台，每一层都能看见湖水。到了夜晚，滨水带在灯光、音响氛围的共同烘托下更加漂亮、迷人。

图 4.80 是扬州某园林，可见湖水的堤岸由人工堆砌一道矮墙，生硬地将堤岸与水体截然分开；而图 4.81 中昆明民族园的水岸处理更为糟糕，生硬的堤岸处理，使得园林的韵味不复存在。其实园林中的规划设计最应该反映生态和自然的因素，因此对驳岸的处理最好采用自然形态。

图 4.79　南京夫子庙滨水带

图 4.80　扬州园林湖岸处理　　　　　图 4.81　昆明民族园的水岸处理

比利时的根特市，水岸处理采用两种不同的方式，很有特色(图 4.82)，建筑、水面、树木、绿墙、花带组成了一幅美丽的风景画。

荷兰阿姆斯特丹的水岸处理独具一格(图 4.83 和图 4.84)。从运河到房屋前的地域,根据不同的使用性质采取不同的地面处理方法。紧靠河边采用粗硬花岗石铺地,便于驳船的装卸和货物的搬运;中间种植高大乔木;再向里用砖块铺砌成人字图案作为车行道;车道两边又用石块做成另一种图案用作人行道;最后在住宅门口留一块特殊地带,称作门廊。此处不能建房,但可以用来作为地下室的出入口和楼梯通道。这个地方通常被擦洗的特别光洁,人踏上去就好像是踏上了一条船。这种处理使得建筑与堤岸空间没有明显的隔阂,城市的整体性得到强化。

图 4.82　比利时根特市水岸处理

图 4.83　阿姆斯特丹的水岸

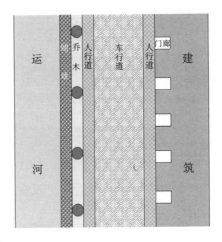

图 4.84　阿姆斯特丹的水岸处理

总之,在滨水岸的设计中,无论是注重人工景观还是自然景观,都要注意避免两种情况:一是采用陆、水、岸三者分离的任何处理方法,三者之间应有一定的整合性;二是采用单调呆板的处理方法。当水体驳岸比较长,可在长直线上设计一些曲线变化,比如突出的眺望台或观景台;在适当地方可以打开缺口,在浅水区设置近水踏步和近水平台,并结合安置一些雕塑小品和休闲设施;在不遮挡视线的条件下,应配合绿化设置,多种植一些树木和花草,从而使滨水带真正成为城市中景观优美、令人舒适的开放空间。

其实,由美国著名生态学家、景观规划师麦克哈格教授提出的"设计结合自然"的生态设计观已成为当今城市规划的理论指导。

(4)形成丰富的水体景观。在有条件的情况下,应该采用多种不同的处理手法,形成水体的不同性格，如动水或静水；表现水的不同特色，如规模、大小、颜色、形式、造型等；提供水体的不同用途，如为人们直接利用或观赏利用等。

水体的直接利用和观赏利用主要是指对自然水体的利用。建立水上公园、水上娱乐场、天然浴场、开辟水上游览线等就是水体的直接利用，它可以将人们观水、戏水、游水融于一体，给城市景观添上无穷情趣。尤其是在夜晚时分，当万家灯火俯射水波，会产生生动的光影变化，再配合上现代灯光技术，城市将呈现出与白昼迥然不同的迷人景象。如上海黄浦江、重庆两江的夜间游览，就为人们提供了充分欣赏夜景的机会。图 4.85 就反映了一组水边城市的夜景。

a.威尼斯普通水道夜景　　　b.现代照明技术城市夜景观形象　　　c.上海外滩夜景

d.美国某城市水边夜景　　　e.阿姆斯特丹夜景　　　f.悉尼海滨夜景

g.南方某城市中秋之夜　　h.伦敦泰晤士河畔夜景　　i.伦敦泰晤士河畔夜景　　j.天、地、水

图 4.85　依水城市夜景观

a.威尼斯城普通的水道夜景，尽管只有几盏明灯，也比旱路有特色，关键是水中倒影起了作用；b.现代照明技术丰富了城市夜景形象；c.上海外滩夜景；d.美国某城市的水边夜景；e.阿姆斯特丹入夜的河道、街道；f.澳大利亚悉尼海岸的建筑群体海滨夜景；g.我国南方某城市水边中秋赏月的景象；h、i.伦敦泰晤士河畔夜景；j.天上是月亮，地下是灯火，水中是倒影，只有到了晚上才有，这才是得天独厚的景观效果。

这些自然水体的夜景观，如果再加上人工水体的夜景，那更美不胜收让人目不暇接。

而水体的观赏作用主要是指建立滨水街路。设计的重点在行人视线组织上，并注意保护原有河岸特殊的自然景观，充分利用地形种植绿化，并与各种建筑小品有机结合在一起。

对静水的设计重点可以放在对镜像反映的利用上,让岸边的种种景物在水中交融,产生让人叹为观止的瑰丽景观,这却是动水难以达到的效果(图4.86)。

a.半圆形的一潭静水

b.华盛顿纪念碑倒影

c.林肯纪念堂倒影池

d.人间仙境

图4.86　静水的镜面反射效果

a.半圆形的一滩静水在层峦叠嶂之中起到画龙点睛的作用;b、c.美国华盛顿纪念碑以及东西轴线西端林肯纪念堂及前面的倒影池,使原本不高大的建筑有了高耸的感觉;d.天上的蓝天白云,地下的树木草地,都能在水中得到重现,同时也使水中的植物具有层次感,这片景色简直是人间仙境。

对动水设计应注重灵活多变。比如在一条坡道上,可设计缓缓流淌的小溪,时隐时现,蜿蜒曲折,以打破单调感,增加趣味性,如图4.87所示;也可将流水贯穿于建筑群之间,营造独具魅力和特色的"运河"景观;还可以创造各式各样、多姿多彩的瀑布、喷泉、叠水,以获得静水无法带给人们的活泼、跳动、激昂、欢欣(图4.88)。由于动水和静水的性格特点不同,所以带给人们的景观感受也就不同,因此两者都不可缺少。

图4.87　流淌的小溪时隐时现,蜿蜒曲折

图 4.88　喷泉、水池、小溪的结合，形态各异

2. 滨水建筑景观处理

（1）滨江、河流地段的建筑、街道应尽量采用半边街的布置方式，即建筑主体立面应该向着水面。它能使城市空间和水面空间相互沟通，也能使滨水带形成良好的景观轮廓线。

特别要注意的是，切忌把建筑背面向着水面，甚至把水体作为后院使用的处理方式也不可取。传统的江南水乡城镇例外。

（2）临水建筑可采用错跌、附砍、吊脚、悬挑、架空等不同方式进行处理。这需要根据建筑的性质，考虑水面的宽度、地形与驳岸形状和环境关系，分别采取不同的处理，以形成生动有趣的景观场景，并能让建筑空间离水更近，如图 4.89 所示。

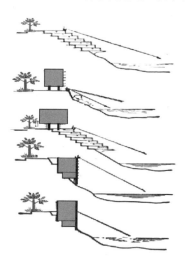

图 4.89　岸边建筑处理

如重庆山城在地形坡度陡峭的沿江河谷地区，靠山脊一侧挖出山洞作为房间，外侧作为街道，形成半边街或街道横穿建筑内部和下部，成为建筑内外交融的"中介空间"。"两头失路穿心店，三面临江吊脚楼"，正是这种半边街的生动写照，这也成为山城重庆一大景观特色，如图 4.90 所示。

图 4.90　重庆半边街"穿心店"

（3）临水多层、高层建筑宜采用点式或塔式形态，以增强建筑的轻盈和空透之感。如纽约的湖滨公寓（图 4.91），广州珠江边上的"珠江帆影"的布置都是比较成功的范例（图 4.92）。

图 4.91　纽约的湖滨公寓

图 4.92　珠江帆影

临水地段切忌使用体量高大而造型单调、布置呆板的建筑，更不宜大量地堆集，而应该灵活布置。图 4.93 中沿江建筑虽为点式，但过于呆板，立面缺少变化，因而显得单调乏味。

图 4.93　沿江建筑虽为点式，但过余呆板，立面缺少变化

图 4.94 中这幢水边建筑很有特点，虽只有两层，未采用实体墙面朝向水体，而是采用拱形柱廊，不仅使建筑更加轻盈，而且通透感很强。同时也使柱廊所围合的内空与其外部开敞的水上空间形成强烈而有趣的对比。

图 4.94　拱形柱廊建筑轻盈通透

加拿大蒙特利尔的一座住宅楼，位于马盖·比埃尔河岸边，高 12 层，其造型十分别致，形似一座小石山。因为这座住宅楼不是规矩地一层层建造上去，而是相互参差错叠，其目的之一是使每家每户都能相互独立，都有自己的屋顶花园。公寓单元一个个堆积起来成为一个不规则的小山丘似的建筑物。下面单元的屋顶是上面单元的平台绿地，在每一层上面各部分之间都有步行道相互联系，整座大楼犹如一座三度空间的大村庄(图 4.95)。不过，尽管这种建筑造型别致，富有变化，但也不能将其大量地布置在一起，否则将失去它原有的新颖和别致，而成为一座座小山的堆积。即同一种建筑不能过多地沿一条线布置。

临水布置建筑，宜注意江河凹岸构图轴线两侧建筑相互均衡的构图关系。因凹岸视线比较收敛，使空间视线联系很强，所以应注意建筑物之间的相互关联性和整体性。考虑到构图的需要，沿凹线的中点，向水面延伸，可形成天然的轴线。只要注意轴线两侧建筑的均衡性，就很容易获得整体感，如图 4.96 所示。

图 4.95　加拿大蒙特利尔某住宅楼

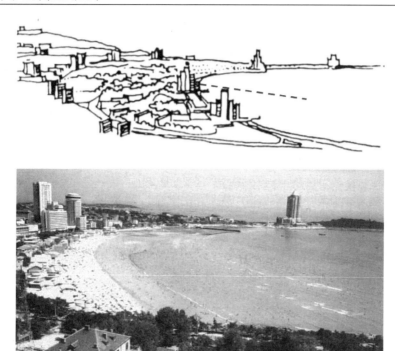

图 4.96　凹岸以少量高层建筑点缀

另外，凹岸的建筑通常被处理得比较低平，以让视线能尽量开阔，仅以少量高层建筑点缀在凹岸中点附近。比如上海外滩北部的黄浦江东岸，正好处于一个凹岸处，临江地段修建了黄浦江公园，主要建筑是位于其北端的上海人民英雄纪念碑。纪念碑体量高大，形象突出，是西侧外滩上最高大的雕塑。纪念碑的主要方向正对黄浦江公园入口。除此之外，其余部分保持均质状态，从而使这里的视线比较开阔，视野能够扩展开来。

图 4.97　从帝国大厦看世贸中心一带的高层建筑

从图 4.97 中可看到，纽约东河凹岸唐人街一带的建筑布置明显的与曼哈顿世贸中心一带不同，低矮很多。

(5)借助凸岸的表现力，获得良好的外部景观，凸岸线的视线是扩散的，空间视线联系较薄弱。但它有一个很大特点，即凸岸伸入水中，尤其是凸岸的尖端部分非常具有表现力。所以应在这里设置标志性建筑物，使其成为景观视觉焦点。

以上提到纽约在东河凹岸与曼哈顿世贸中心一带有所不同，原因就是它正好是处于陆地延伸水中的那一部分。在这里以两栋世贸大厦和四栋金融大厦为中心形成了纽约的标志与象征（图 4.98）。

上海黄浦江东岸的陆家嘴也是处在凸岸，浦东开发在这里进行了一系列的景观开发项目：如建设了中央公园、滨江大绿地、东方明珠电视塔等。其中电视塔正好位于凸岸的尖端处，与周围建筑相比，塔体最高（468 米），形象最轻盈、优美，所以成为浦东现代化城市景观的统领，也形成了上海新的景观形象和视觉地标（图 4.99）。

图 4.98　曼哈顿凸岸世贸中心一带　　　　　　图 4.99　上海陆家嘴

（6）沿河两岸建筑景观的设计，应结合水面宽度考虑。沿河两岸景观的联系程度，是依河道宽度而改变的。当河道较窄时，河岸上的行人能够比较容易地同时感受河岸两边建筑的风貌，彼此联系密切，这时一般要求两岸建筑不仅在风格上要协调一致，而且还有必要像设计街道两边的建筑一样，把河道两岸的建筑作为整体来考虑。在水体既是河流又作运输水路的城市中，这是最为突出的，如威尼斯、阿姆斯特丹等城市。当河道很宽时，特别是当两岸的高度不同时，两岸建筑物彼此之间联系就较弱，这时人们也难以在河岸一侧同时感受对侧。因此，设计时没有必要再去强调两岸建筑的统一协调，应该重点考虑对景观轴线以及观景点的设计。通过沿岸街道和主要建筑的安排，通过桥梁、绿地及观景点相互交错与彼此呼应的布置，来加强两岸的视觉联系。

如匈牙利的首都布达佩斯分处于河流两岸，而且还是在不同的高度上，但城市整体格局却有很好的联系和呼应（图 4.100）。它主要通过以下几方面的设计考虑：①东岸沿河的道路景观轴线；②几座横跨河道的桥梁；③几个制高点（即观景点）的控制。如盖雷特山、国会大厦、古王宫、古城堡等，将两岸空间连在一起，形成了协调统一的整体景观形态。

上海黄浦江两岸以不同时代、不同风格的建筑景观而著名，西侧是殖民时期留下的建筑，属海派文化的历史建筑形象，东侧则是改革开放以来反映上海城市建设的现代建筑形象，而最佳观赏点就在外滩绿地。这是一条景观观赏轴线，它沿黄浦江西岸南北延伸，且两岸主要通过它连在一起。由于两侧景观是逐渐展开的，人们一般边行走边欣赏，所以轴线上提供了足够宽的连续的散步道。当人们散步在江堤上，可以毫无遮挡地欣赏到两岸不

同的建筑形象，这时两岸的建筑如一幅长长的画卷徐徐展开，步移景变，吸引着人们的目
光。在轴线适当位置设置有不同形式、结合座椅设置的观景平台，它们均朝向江面，使得
人们在休息的同时也可欣赏两边的风景。

国会大厦

盖雷特山

古城堡

古王宫建筑群

图 4.100　布达佩斯分处于两岸的城市景观

　　另外，外滩绿地本身的视觉形象也比较丰富，为了能让人们一览无余地欣赏到两岸景
观，设计将整个堤岸加高，并将堤岸分成上、下两层，堤上以满足人们休息、散步、观赏
两岸景观为主要目的，设施比较简单，有散步道、花坛、护栏、座椅、平台；堤下则布置
了比较齐全的各类服务设施和景观设施，有餐饮、摄像、售货亭、售报亭、电话亭、卫生
间以及雕塑、喷泉、浮雕、广告灯塔等。堤上和堤下用坡道和台阶相连。总之，外滩景观
轴线的布置很好地解决了人和空间的关系，满足了人们的视觉要求和服务需求。但是，堤
岸的提高也使人们的亲水性受到影响，同时堤岸上缺少遮阳设施以及较高大的乔木，无法
满足人们在盛夏享受美景。

　　对观景点（台）的设计相对比较灵活。首先选择视野开阔的地段，然后可结合制高点设
置；例如，可利用水边空地设置，可在滨江广场上设置，可对岸边护栏向水面凸出一部分
设置。这样人们可以借助较多的点观赏景观，或登高望远，或凭栏远眺（图 4.101）。但要
特别注意岸线护栏的牢固设计，注意护栏的高度和质量，高度一般至少 1 米，以此确保人
们的安全。若地势较低时，为了提高视点，可以修建眺望台、眺望楼或眺望塔，供游人上
台远望或俯瞰。

上海外滩沿江观景平台　　　　　灵活的观景点（台）设计　　　　利用水边空地设置观景

将岸边护栏向水面突出一部分　　　结合制高点设置眺望台（楼、塔）

图 4.101　上海外滩观景台设置

三、植物

1. 植物的景观作用

人类的食物来源于植物，衣物来源于植物，居住也始终离不开植物。人们现今所处环境的人造物越来越多，而人们希望消除人造物的粗糙及冷硬的感觉，因此，开始追求大自然的天然产物，而植物便是美化环境、制造景观的最佳要素和重要手段之一。从美学观点看，植物本身具有视觉美、触觉美、嗅觉美、听觉美、变化美、情趣美及意境美，是很好的观赏对象。仅就从视觉上造成的美感而言，树干有多种不同的优美姿态，而整体上又表现不同的体形；花儿有各种不同的鲜艳色彩，不同的色彩又给人不同的情感和氛围(图 4.102)。

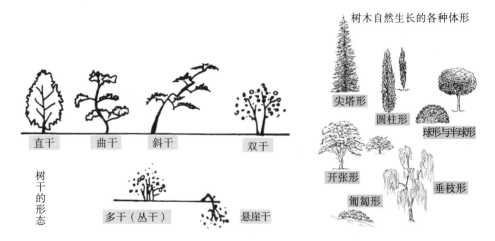

图 4.102　树干的形态与树木自然生长的各种体形

植物本身还是一个三度空间的实体：枝叶繁茂的大树树冠，各种爬藤植物形成的篷架有若屋顶，平整的草皮如同地板，而绿篱就像隔墙一般。因此植物也有一般建筑元素的特征，具有构成空间的功能。

在制造空间的效果上，植物有着十分灵活的变化。比如植物高度不同，就有不同的空间效果。如踝高植物只有覆盖地表的感觉；膝高植物就有引导的作用；腰高植物可作为交通控制之用，并有部分的包围感；胸高植物可以分割空间；而高过眼睛的植物则有被包围的私密空间感。又比如，夏天浓密的树林会造成一个单独的内在空间，封闭感较强；相反，冬天落叶林的视线会穿透树干，给人以空旷辽远的感觉（图 4.103）。

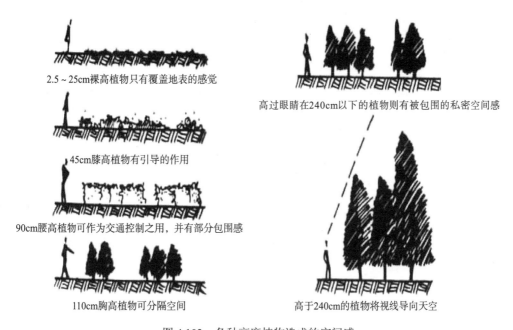

2.5～25cm踝高植物只有覆盖地表的感觉

45cm膝高植物有引导的作用

90cm腰高植物可作为交通控制之用，并有部分包围感

110cm胸高植物可分隔空间

高过眼睛在240cm以下的植物则有被包围的私密空间感

高于240cm的植物将视线导向天空

图 4.103 各种高度植物造成的空间感

总之，植物在造景方面是千变万化、不可或缺的，它可作主景，可作陪衬；可孤植，可群植；可成片布置，也可线状延伸；可高可低，可疏可密；可平面栽培，也可立体布置。只有设计得当，才能创造出动人的景象（图 4.104）。

花卉的鲜艳色彩

美丽实用的时钟花坛成主景

在嫩绿草坪衬托下头像跃然眼前

草坪上的一颗常绿阔叶树

广场上较大规模的树群

花境呈线状延伸

前低后高的布置
使景观富有层次与景深

乔木、绿篱、花卉形成高低错落的植物景观

建筑上的立面绿化

图 4.104 植物造景千变万化

2. 利用植物组织景观

1) 利用植物创造空间形态和不同的景色

在城市景观设计中,可利用植物遮挡、围合,组织空间景色,如图 4.105~图 4.108 所示。

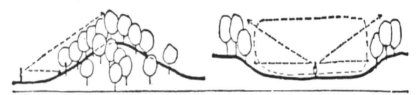
利用植物突出、强化地形,使高处更高,凹处更低

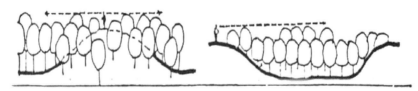
利用植物遮蔽凹处,使地形变得平坦

利用植物围合空间,组织景观

图 4.105 植物创造空间

图 4.106　浓绿高篱围合出独立空间，使白色更为醒目，黑色水体又强化了独特空间的色与形

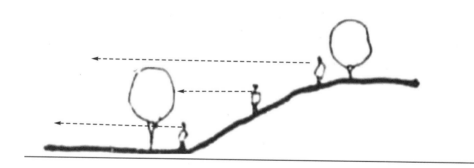

图 4.107　利用植物安排视线和视域

a.植物组织韵律与点景　　　　　　　　　　　b.植物配置组成夹景

c.植物围合空间与透景线　　　　　　　　　　　　d.植物形成夹景，引导视线

图 4.108　利用植物进行造景

a.利用植物组织韵律与点景；b.利用植物两边配置构成夹景，使一座普通的雕塑成为视线尽端优美的景致；c.利用植物上部形成绿篱围合成封闭空间，下部构成低矮的透景线，使外部远处景观若隐若现，给人"犹抱琵琶半遮面"的效果；d.利用植物形成夹道，引导人们视线向前，以求豁然开朗。

2）利用植物创造不同的空间气氛与意境

把植物的种类、颜色、体态等，通过不同的种植栽培，就会构成不同的空间氛围，获得其他景观要素难以比拟的效果（图 4.109）。不同花木有不同的象征意义，松柏象征长寿；莲花喻义出淤泥而不染；牡丹称国色天香，花中之王，喻义高贵；菊花比喻高傲、雅洁；竹子比喻高风亮节的气质等。

图 4.109　植物创造空间意境

a.种植广阔的草坪，可使景象具有祥和、舒坦的气氛。如纽约中央公园大草坪，人们在草坪上可坐、可躺、可走、可跑、可跳，十分自在；b.种植苍郁的林木，使景象具有悠远、凝重的气氛，特别适合有一定纪念意义或怀念的场所。人们来到这里自然而然会产生对某个历史事件或人物的缅怀之情，体验一种凝重而悠远的环境氛围；c.列植的松柏，使景象具有庄重肃穆或久远的气氛。图中南京中山陵以松柏林海让人产生进入圣地之感，自下而上 290 级台阶两旁，以严正的塔柏来加强庄重的氛围，给人以难以磨灭的深刻印象；d.一棵松柏植于入口一角，显现出一幅苍劲、清新的景象；e.深秋红叶，点染环境，可创造出特有的景色。如北京香山的风景林，主要树种为黄栌，秋季遍山红叶，尽染香山；f.姹紫嫣红的花朵和绿叶，能使景色充满热闹、喜庆的气氛；g.金黄灿烂的色彩又给人活泼、欢乐的心情；h.鲜艳的红色带来了明快、奔放的氛围；i.绿色让人感到自然、清爽而又美丽；j.竹子俊俏挺拔，清脆悦目，可显景象的高雅与清新；k.秋天的落叶林又给人一种苍凉、萧瑟的景象；l.规整、对称的大面积布置，可形成宏伟、壮观的景象；m.自然、流畅的线条给人轻松愉快的氛围；n.成排种植使空间产生压缩感，视线收敛，方向性强；o.自由布置使空间具有宽敞自由感，但方向性较弱；p.低而宽的种植，产生接近感；q.窄而长的种植，产生深度感或深远感。

　　总之，由植物创造的氛围、景色和效果，以及它给人情绪上的感受真是变化多端，的确是营造景观的好素材。但需指出，在利用植物组织景观时，应充分考虑其种植形式。特别是乔木，既要考虑种植形式，还要考虑树种的选择和树木的生长习性，是否和该地域的气候和场地的气氛相适宜，其外形如何，不同季节有何变化等问题。

3) 利用植物创造和谐的城市景观

(1) 对城市整体而言，利用植物绿地作为自然环境与人工环境的媒介，可将自然环境的山、水、地貌以及风景名胜古迹引入城市用地，使人工环境与自然环境取得平衡和协调。如国外的巴黎、柏林、新加坡、莫斯科、旧金山、伦敦等城市就做得很好；国内的西安、南京、青岛、合肥等城市也做得较好。它们都是利用环形、带状、楔形绿地，将市区郊区连成一体。如西安市城市环城绿带，就是沿古代护城河布置了一条绿色环带。该市规划了三条绿色环带(图 4.110)。安徽合肥市较早的城市布局即采用风车形的布局结构，在"叶片"之间留出农田、园林、水体等楔形的自然空间，在它的西北、西南、东南三面均设有风景区，再沿原护城河形成环状绿地，发挥了良好的环境效用。

图 4.110　西安市环城绿带

(2) 开辟沿江、河、湖岸绿地，增加人们亲水、近水的机会。

通常水岸绿地应设计为一定的开敞绿地空间，面向水体，视野开阔无阻；绿化的布置以不妨碍水上和岸上的借景、对景为准则，树木的排列疏密有致，不宜平均、单一或没有重点，要使植物能遮挡住建筑物的局部或有损景观的部分。

再如，上海外滩绿地上层部分从北到南分为三段，设计上各有不同的特点：北部是黄浦江公园及人民英雄纪念碑，绿地较为集中；中部是造型优美的三角形金陵东路轮渡码头；南部设置了简单、变化的花坛、座椅、平台、护栏和步道，南部是观赏两岸景观的主要地段，所以植物均为低矮的花坛形式，但形状、颜色、材质又富有变化。

另外，对临水沿岸的处理，通常采用分层的方式。第一层作为临水步行道或临水平台紧贴水面，向人们提供了亲水、近水环境；第二层布置在防洪堤顶面，作为沿岸行交通及观光步行道。现在我国很多城市建成的沿堤公园或滨江广场都属此类或此以类似。上海外滩因堤岸抬高，人们无法接近水面，因此在它对岸陆家嘴一带的滨江绿地的布置上，就注意纠正了这个问题，在紧临江面建起了亲水平台(图 4.111)。

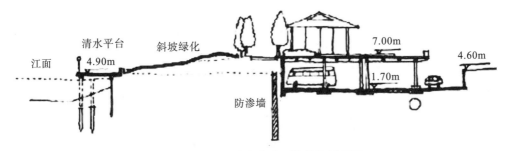

图 4.111　上海陆家嘴滨江道某段剖面图

(3)利用绿化树木缓和不同空间或建筑物之间不协调的关系，形成"中性过渡"。

我们常常可以利用植物在不同场景、空间、建筑之间起调和作用。图 4.112 中的双人运动雕塑揭示了旁边建筑的主题——澳大利亚某体育学院的运动馆。为了避免二者生硬结合，便设置了稍有起伏的草坪将二者连为协调的一体。

英国牛津大学植物园中的一堵古老的墙，为了不显得突兀，利用鲜花绿草进行基础绿化，活泼自然的花境为古老的围墙起到了恰到好处的掩饰作用，不仅使这一古老围墙得到保存，而且还创造了一定的景观场景(图 4.113)。

图 4.112　起伏的草坪起协调作用

图 4.113　基础绿化使建筑与草坪协调过渡

一幢其貌不扬的建筑十分陈旧，通过混合花境的基础绿化，不仅使其得到美化，也使建筑与外侧碧绿平坦的草坪带得到协调过渡(图 4.114)。

图 4.115 为一处供人休息、餐饮的地方，最外是建筑和交通大道，二者之间设置的草坪、树木、花池形成了良好的过渡。

图 4.114　混合花境的基础绿化

图 4.115　绿地设置在安静与喧闹空间中

另外，像道路上的行道树即形成了人行道与车行道不同空间的过渡。

(4)利用多种绿化手段，扩大城市绿化覆盖率，提高城市景观质量。

采用见"空"插"绿"或垂直绿化等方法，可以十分有效地加大城市绿地面积，提高绿化覆盖率，使人们能够接近大自然，同时也能为城市景观增添情趣与特色(图4.116)。

a.消防车道及休息廊道绿化

b.禁止通车道路口安置花坛

c.嵌草铺装停车场

d.利用空间点缀植物

e.门柱、灯柱悬挂花篮

f.墙边、屋角点缀植物

g.植物覆盖屋顶

h.立体绿化

i.垂直绿化

j.公寓楼立体绿化

k.大厦空中绿化

l.层顶花园

m.构筑物表面绿化

n.法国屋顶花园

o.葡萄廊架特色绿化

p.绿格栅栏柔化了建筑立面

q.爬山虎遮盖拱形钢架

r.鲜花装扮过街天桥

s.乔木、花钵组合效果

t.街道居民绿化

u.绿色覆盖楼宇

v.道路隔离带植物覆盖

图 4.116　城市景观中的各种绿化手段

a.香港住宅区中的消防车道上的绿化及休息走廊上的绿化；b.在禁止通车的道路口安置花坛，既装点街道景观，又可避免车辆随意穿行；在居住小区、校园生活片区均可采用；c.嵌草铺装停车场兼顾了观赏性和实用性；d.在寸土寸金的商业街，要巧妙地利用空间点缀绿色植物。如在座椅间留下种植槽，种上小型植物，为餐饮区增香添彩；e.英国某小城镇家家户户门前和灯柱上悬挂花篮，成为城市一景；f.在墙边、屋角点缀植物，显得格外有趣；g.植物覆盖于伞形屋顶之上，别具一格；h.新加坡公寓楼的立体绿化；i.垂直绿化构成了错落有致的城市绿景；j.哈佛大学一公寓入口处的立体绿化；k.曼哈顿特朗普大厦的空中绿化；l.美国水门饭店屋顶花园绿化；m.一些公园中心构筑物表面的绿化；n.法国巴黎德芳斯新区屋顶花园；o.乌鲁木齐用葡萄架作绿廊，突出了地方特色；p.绿格栅栏构成街区一景，柔化了建筑立面；q.墨西哥城的一条步道，爬山虎遮蔽了拱形钢架，使之融入自然；r.新加坡用鲜花点缀将过街天桥布置成一道漂亮的花桥；s.高大的行道树下是耐阴的观叶植物，用花钵来掩饰树干，形成景观丰富的立面效果；t.希腊岛城街道的居民绿化；u.绿色覆盖下的办公楼；v.荷兰莱顿街道景观，除必要道路铺装外，所有地面均被植物覆盖。

3. 设计中应注意的问题

1)注意植物的生长对景观效果的影响

植物是有生命的,景观设计中要充分考虑时间因素和树木的成长情况。因为植物年龄和四季的变化会直接影响到景象的形态、颜色、尺寸比例等的变化和景观的效果。

2)注意突出绿化的地方风格

绿化树种植应以当地优秀的乡土品种为主,因为这些乡土树种适合本地水土,生命力旺盛,容易成活,且节省投资,对突出地方风格和地方形象也有积极作用。

例如,巴西国家歌剧院,在高大的玻璃幕墙前种上当地耐热耐旱的植物,丰富了建筑前小广场的景观,如图 4.117 所示。

日本东京某一条街道,选用开花繁密的樱花作为行道树,尽显其地方特色(图 4.118)。在日本,樱花是国花,人们认为它极具日本大和民族的精神,每到春天就轰轰烈烈齐开放,一起开一起谢,犹如花瓣雨一般。

图 4.117 巴西国家歌剧院墙上的特色植物　　图 4.118 日本东京某街道用樱花尽显地方特色

棕榈类树种是一种热带植物,在我国南方沿海一带城市特别多见,它极具地方风味,南国风情(图 4.119 左)。乌鲁木齐某公园用葡萄作绿廊,突出了地方特色。在吐鲁番用葡萄绿化街道,也别具一番西域风味。

图 4.119 南国风情（右为北京亚运村）　　图 4.120 英国邱园

　　其实，要创造异地风光和特色，用植物来加以体现最好，也最容易做到。比如在北京亚运村的花园里就种植了亚热带的棕榈树(采用盆栽入土，冬季收藏)，在北国之都，展示了南国之风(图 4.119 右)。

　　图 4.120 中的环境，让人不禁想到我国的古典园林，但其实这幅画面出现在英国的邱园。它专门用中国塔和具有东方特色的树种，展示出中国古典园林的风格。

　　3) 因地制宜进行绿化，丰富植物景观

　　因地制宜绿化通常应借助自然地形展开丰富的植物景观，创造立体感强的城市绿化轮廓。

　　图 4.121 是一个草坪广场，其布置结合地形，采用不同方式，将前面的规则式草坪经中部自然式草坪过渡到后面的树林，使广场景观表现出一定层次，且新颖别致。

　　图 4.122 为北京西单的文化广场，植物配置最大的特点是尊重自然地形，草地随地形起伏变化，让人感到亲切、自然。

　　图 4.123 中某工厂利用厂区外围，利用山坡天然屏障进行绿化，起到了双重的防护隔离作用，同时也使厂区环境得到美化。

　　图 4.124 中的草坪随地势由低到高铺展，使景观具有立体感和层次感。

　　无论是斜坡、台阶还是平台，都可以用来栽花植物，丰富景观，也使各类地形都得到充分的利用(图 4.125)。

　　另外，可在石壁或堡坎等处种植攀缘植物或垂蔓植物，以此形成多层次的植物空间，起到护壁堡坎作用，减少水土流失(图 4.126)。

图 4.121　草坪广场

图 4.122　随地形变化铺设草坪

图 4.123　厂区利用山坡绿化防护隔离

图 4.124　草坪随地形由低向高铺展

图 4.125　利用地形，栽花种树

图 4.126　蔓性攀缘植物绿化挖方护坡(左)和高填方护坡利用草坪与种植砖固坡(右)

4)尽量保留原有树木，体现古树名木价值

古树名木是一个国家或地区悠久历史文化的象征，具有重要的人文和与科学价值，它不仅对研究本地区的历史文化、环境变迁、植物分布等非常重要，而且是一种独特的、不可替代的风景资源，常被称为"活的文物"和"绿色古董"。

在城市绿化布置时，特别要注意保护一些古树名木，它们的景观价值不仅表现在视觉上的优美形象和苍劲古拙，还在于它们能带给人们回忆乃至对历史的回味，是人类和城市的财富。对待古树原木仅仅是保存还不够，还应该增强它们的观赏价值，同时体现文化与精神价值。

图 4.127 左图中一棵古树由低矮的金属围栏围合，再被中高度绿篱半环绕，它们拢住了游人的视线，也使古树显得更加突出；图 4.127 右图中石栏杆围合了古树，也拢住了人们的视线。

除了对古树名木进行保护，对城市原有的树木也要尽量保留下来，哪怕是枯树也可以巧妙利用，形成独特景观。图 4.128 左图中的蕨类植物附生在一棵枯树之上，形成枯木逢春的"空中花园"景观；右图中在一棵枯木上爬满了攀缘植物，花开时节，犹如老树生花，像这样的植物景观常常难以寻求。

图 4.127　金属栏、石栏围合古树

图 4.128　蕨类、攀缘植物附生枯木逢春

5)利用自然景观元素，创造生动的城市景观

一些自然景观元素如阳光、风、云、雨、雪等都是创造城市景观可资利用的自然景观元素。如果绿化设计中能巧妙地利用它们，将有助于形成生动的城市景观。

(1)注意植物在不同光线下的色彩变化，柔和的光线为植物罩上了一层神秘色彩(图 4.129)。

(2)临街建筑旁的树木在形体、颜色上起到了陪衬和美化作用，借助蓝天、白云的衬托，才更显建筑轮廓之美(图 4.130)。

图 4.129　植物在光线下的色彩变化　　　图 4.130　植物在形态、颜色上的美化作用

(3)利用广大的乔木构成夹景(图 4.131 左)，将远处的蓝天白云借入画中；借用反射水池及光影作用，将天空、植物、水体融为一体(图 4.131 右)。

(4)碧绿的草坪被白雪覆盖，变为白茫茫一片，构成了另一番别致的场景(图 4.132)。

图 4.131　高大乔木形成夹景，蓝天白云倒映水中融为一体　　　图 4.132　被雪覆盖的草坪

总之，植物造景应该注意和其他元素配合，除了这些自然的景观元素之外，还有建筑物、构筑物、道路、水体、小品等。植物与它们相互配合，互为衬托，才能形成良好的城市景观。

因此，在城市景观规划设计中，无论是宏观或者微观的规划设计，均应注重自然植被的保护和利用。从宏观上来看，首先要注意在开山、整理基地、修筑道路时如何好保护树木。据德国规划师介绍，他们在考虑公路选线时，不但要根据交通量设计横断面，考虑利用地形，而且还十分强调道路与周边自然植被的配合。有时为了一片树林，甚至一棵有价值的老树，会特意让公路绕线，形成一个大半径的曲线，让树木位于曲线的曲率中心，这样公路沿线都可以把它们当作视觉的焦点，效果远比在树下直线穿过要好，如图 4.133 所示。

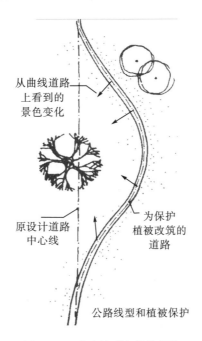

从曲线道路
上看到的
景色变化

原设计道路
中心线

为保护
植被改筑的
道路

公路线型和植被保护

图 4.133 公路线型和植物保护

从微观上看，要使建筑物、庭园、街道和原有植被保持良好的关系。一般来讲，希望把建筑物、道路"种植"在树木之间去，不宜靠砍伐树木来"清理基地"。德国对树木的保护很严格，要砍一棵较大的树木，必须要经市议会批准。

对于新种植的植被，应仔细考虑种植形式是孤植、群植还是行植，并要考虑树种的选择，树木生长习惯是否与当地环境相符、是否与该处的气氛相宜，新植树木的外形及不同季节的变化，成熟或衰老后的改变。这些都是设计师需要考虑的工作内容。植物是有生命的景观，所以设计师需要充分把握好植被的设计。

第二节 人文景观要素及其设计处理

城市人文景观主要是通过建筑物、构筑物、道路、雕塑、小品等来反映，它包括了历史的、现代的、新的和旧的景观元素。

一、建筑物

建筑物是人文景观最常见、最多见的内容，也是构成城市景观最重要的因素，它在景观的塑造中起着多方面的作用。比如，作为围墙、背景、屏障；组织、控制、统领景观；强调景观特色与形式等等。然而，建筑的景观作用并不是孤立存在的，而是处在城市环境之中的。当人们漫步在街头或小巷，广场或道路，实际上是置身于连续的、流动的建筑群空间中。展现在人们眼前的空间景象是渐次变幻、移步换景的，而非静止、凝固的。因此，城市中建筑景观美的创造，应从整体出发来加以考虑。

1. 城市建筑物分类

总体上城市建筑物可分两大类：一类属于重要建筑，一类是普通建筑。

重要建筑一般是指大型公共建筑物、纪念性或历史性建筑物，它们在城市建筑群中起中心作用，常为视觉的焦点。通常，在城市空间环境设计中，建筑实体本身主要起着制造空间的作用，而这类建筑则可能占据空间，它们作为空间的主题，起着控制与整合的作用。这类建筑常常位于重要地段或显要位置，有充分开敞的空间供人们欣赏，以显示它们的存在及其影响力。对这类建筑物在景观设计上主要有以下要求。

(1)研究建筑高度与形体对景观的影响，包括对天际轮廓线的影响，对城市空间结构的影响以及与环境协调等。

(2)结合大量的街区建筑物的布置，形成尺度与体型上强烈的对比，使景观富于变化。要避免采用过大的建筑尺度造成视觉上的不舒适感。

(3)反映出城市的个性与风貌，要求质量要高，且能较长久的保存下来。

城市中绝大多数建筑属于普通建筑，也即街区建筑，这些建筑常常是由几种基本模式重复地、呈地毯式布置，形成街坊或组团。这类建筑在景观意义上主要在于组织好它们的布局，起好基调作用。它们可以用于围合、完善空间环境，点缀重要建筑物，也可以组合成一定的街区风貌。

这是巴黎旧城区的一个街区，新建筑为了保持原有的街道线型空间，均贴着地块红线进行建造，其建筑形体与周边建筑不同，形成了具有一定特点的街区风貌。尽管这种占满用地边线的方法有些极端，不一定要学习，但却能给人以深刻的印象(图4.134)。

在布局空间较好的城市中，重要建筑和普通建筑在城市中的比例一般是1：10，而且普通建筑占建筑总数的90%以上。那么城市中应该是绝大多数的建筑负责制造空间，只有少数真正有价值的重要建筑才可以占据空间。但在城市不同性质的区域中，这种比例关系会发生变化。比如，在一般的住宅区，可能98%的建筑被用来制造空间，只有2%的建筑才能占据空间。而在城市中心区，占据空间的建筑比重会大大增加。在一些个别区域，则采用一种折中的办法，将建筑彼此并置，每幢建筑既各自独立，又相互依靠，占据空间的同时也制造了空间，一个区域内的建筑都比较重要，很难分出等级。在这种情况下，选择格栅式平面和几何图形式平面进行设计比较合适，华盛顿和纽约的中心区就是采用这种设计方案。

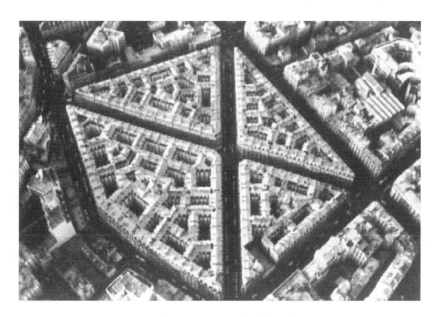

图 4.134　巴黎旧城区某街区

　　纽约曼哈顿的格栅式平面，实际表现为街道基本呈格网式布局，只是有的地方街道自由曲折，如华尔街、唐人街一带；而有的地方规则整齐，如帝国大厦一带。

　　格栅可以理解为一种最简单的图案，华盛顿中心区则是一种丰富得多的几何图形式的平面，政府的巨型建筑如国会大厦、白宫、国家美术馆、航天博物馆等，占据了整个图案的一些局部空间，而建筑的几何形体则依据所处的几何图案的形式来设计建造(图 4.135)。显然，纽约和华盛顿中心区的平面布局差异很大，但均表现出空间富有变化且秩序井然。

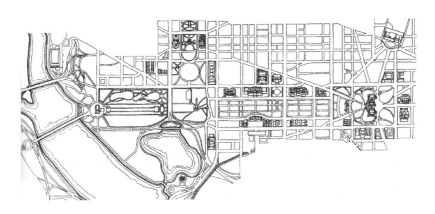

图 4.135　华盛顿中心区几何形式布局

　　通过了解一些典型的城市空间，人们进行城市建筑布置时，可从中获得较多启示。

　　(1)高层建筑或者大体量建筑集中的区域，路网规划要适度规整，用地的形状也要适度的规则。因为这时对建筑的处理变化比较丰富，以使在变化的空间中表现出一定的秩序，否则难以取得统一协调。

上海浦东新区的景观确实有些振奋人心。陆家嘴一带集中了不少当今世界高层、超高层建筑，许多建筑的单体形式也十分精彩。但问题是这里的路网形态是自然式的，造成每块用地多是不规则式的，不规则的用地又助长了建筑师不规则的单体建筑，使整个区域形成一种各式各样的岛式建筑的并列(图 4.136)。在这样的形态里，秩序消失了，然而在庞大的群体中，秩序尤为重要。产生这个问题的主要原因是城市发展过快，导致城市整体景观缺乏有机协调，使浦东滨江开放空间带未能形成规划所希望的理想形象。

图 4.136　上海浦东新区

(2) 小型建筑集中的区域，路网要富于变化，要做到自然一些。虽然建筑平淡，但街景活跃，街道空间丰富。如图 4.137 所示，街边建筑随地形弯曲变化，建筑虽朴实无华，却能使空间的形体效果得以突出。

图 4.137　自然的路网

（3）体量大但层数不多的建筑可以化整为零，以点型、线型组合散开布置，即伸展式建筑。

（4）小体量建筑之间要有关联感。

（5）整体来看，大体量建筑或许是小体量建筑的组合，小体量建筑或许是大体量建筑的局部。

如图 4.138 所示，这是 1898 年的芝加哥，那时的建筑楼层不高，规则的道路倒显得有些呆板。后来在旧有框架上建起的高层建筑，反倒与之相辅相成了。

1898年的芝加哥　　　　　　　　　　在旧有框架上建起高楼大厦

图 4.138　芝加哥新旧时期的城市空间对比

2. 城市建筑的景观特性

1) 连续性

从景观角度而论，孤立的一幢建筑只能称为一件建筑作品，而将数幢建筑放在一起，就能获得一种艺术的感受，群体建筑给予人的体验是单个建筑无法做到的。

如图 4.139 所示，左图中的城市区域是由砖石、金属、玻璃等不同材料、不同形式的建筑组成的建筑群景观；右图我们可能看到当夕阳西下时，在构成这一建筑群体的每一幢建筑的墙面轮流留下了耀眼的光辉，这些却是我们在单个建筑身上无法看到的景观效果。

图 4.139　不同材料、不同形式的建筑群(左)和夕阳在大厦墙上留下的光辉(右)

由于城市中的建筑基本呈群组出现，因此当人们运动于城市空间中，可以感受到建筑在方向和形式上是连续的，即城市建筑向人们展现出一幅动态连续的画面。

应该说，比较好的城市景观，随着人的视觉转换，也能够展示一幅由连续的画面构成的景观长卷。如戈登·卡伦的连续视景图（图4.140）。

图 4.140　卡伦"序列视景"——连续视景图

2）诱导性

一个为人而设计的城市空间应充分考虑人的运动。在人们经过的地方，都应该配合各种机能进行形态设计。同时，行人在城市空间中的运动行为会因界面的连续而诱发行为的连续，因界面的转折而诱发行为的转折，因界面的中断诱发行为的停滞等。因此，对城市建筑的设计要考虑到这一特点，以便为人的运动提供良好的诱导作用，实际上也会让人得到良好的视觉效果。如在商业街设计中，抓住行人右行的习性来安排商业铺面和进出口，效果最佳（图4.141）。

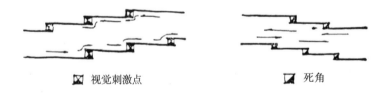

　　　■ 视觉刺激点　　　　　　　■ 死角

图 4.141　按右行习性的不同布置比较

3）轮廓线

城市建筑以天空为背景时所显现的"图形"即为建筑的轮廓线，它对于创造城市景观起着十分重要的作用。

对于建筑的轮廓线，不太强调单体，而是注重它们的组合效果。现代城市的轮廓线大多都不令人满意，有些建筑本身虽好，但它们组合在一起时，也即拥挤在一起时，则互无关联或互相妨碍，常常构成了杂乱无序的轮廓线（图 4.142 和图 4.143）。在某些城市，新的建筑又常常破坏了原有生动、优美的轮廓线。因此，有这样一种评论"不好的建筑往往形成好的城市景观，但好的建筑经常组成不佳的城市景观"，这里所说"不好的建筑"主要指旧建筑，好的建筑是指新建筑。这一议论当然不是在提倡"不好"的建筑，而是强调建筑应对城市景观做出积极贡献，而不是消极的破坏。这也是我们在建筑景观设计中必须重视的问题。

图 4.142　散乱的轮廓线　　　　　　　　　图 4.143　冲突的轮廓线

3. 建筑景观设计要点

1) 重视建筑屋顶对城市景观的影响

屋顶是建筑墙面向上的延伸，也称建筑"第五立面"，即建筑屋顶面。屋顶的美学功能在建筑创作中越来越受到重视。它在各个时代以及各个国家和地区表现出不同的特征，能够充分体现地区特色与城市风貌，并且具有强烈的象征意义和审美价值，是值得在造景中加以重视的对象。

无论是在国内，还是国外，许多精美的古典建筑其屋顶轮廓都具有很高的艺术价值，反映着人们对天的认知与亲和方式。装饰的曲线，雅致的图案，漂亮的屋脊轮廓，与天空相映衬，建筑耸立在苍穹之下，以天空为背景，建筑与天空融为一体。

如图 4.144 中与天空融为一体的建筑轮廓线；图 4.145 中河南浚县为国家一级历史文化名城，县城内浮丘山碧霞宫的屋顶形式，艺术价值极高；图 4.146 中山西省介休鼓楼屋顶变化十分丰富；图 4.147 是欧洲一些城市的屋顶形式，典型的坡屋顶非常有特色。

图 4.148 是巴黎街边普通建筑的顶部处理——梦莎顶。黑色的屋顶、窗的组织，窗间墙和落地窗的运用都很有特色，它们组合在一起形成了造型别致的建筑屋顶。

然而，在现代城市中，屋顶轮廓往往比较平淡，我们见到最多的是板块式建筑以及它们生硬的轮廓线，而这些轮廓线往往破坏了环境的整体性，使得建筑与天空完全隔开。其实，这种板式建筑不仅会破坏轮廓线，而且在城市空间中，尤其是山城空间，它还会遮挡人们较多的视线(图 4.149)，所以在城市中应尽可能避免板式高层建筑。

图 4.144　轮廓线与天空融为一体　　图 4.145　河南浚县浮丘山碧霞宫　　图 4.146　山西省介休鼓楼

图 4.147   欧洲屋顶形式

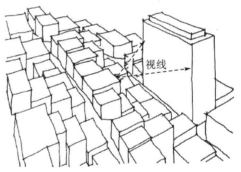

图 4.148   巴黎普通建筑孟莎顶处理   图 4.149   板式高层建筑遮挡视线

　　图 4.150 反映的是现代建筑集中的区域，几乎没有板式建筑，而是点式、岛式、方形等，建筑屋顶形式变化多样，其轮廓线必然丰富多彩。

图 4.150   纽约曼哈顿海滨建筑物轮廓线

　　根据人的视点高低，建筑屋顶对于空间景观的组织所起的作用却有所不同。

　　(1)低视点情况下(即人在地面上的通常视点)。当建筑为 4 层以下时，坡屋顶有向空中延伸和广阔的感觉，容易为人所看到，因视觉饱满，对象不脱离视线，因而会产生愉快、亲切的感受。同时坡屋顶能坦露"安居感"，并有较为独特的形象，易与环境协调，形成良好的景观。但是 4 层以下的平屋顶就得不到这样的效果，人们会产生相反的感觉。

　　图 4.151 为一排商业建筑，屋顶采用平屋顶处理，且不做任何装饰或修饰，人们只能看到横向伸展的屋顶线，天空与建筑基本上以一条线割裂开来，屋顶轮廓没有变化，更无特色。由于这是商业建筑，还可以通过其他内容吸引人的视线，但如果是街区建筑或住宅建筑最好避免出现此种情况。

　　图 4.152 中所显示的视角虽然不是低视点，但是我们也能清楚地感受到坡屋顶和平屋顶的区别。图 4.153 中四层高的一排建筑，是华沙战后恢复的中世纪建筑群，由于屋顶采用斜坡处理，显得富有变化。

图 4.151　屋顶轮廓无变化、无特色

图 4.152　平屋顶与坡屋顶的对比

图 4.153　中世纪建筑群

在现代城市中，四层以上的建筑是最多的，成为建筑的主体。因此，若不对平屋顶进行适当的设计处理，特别是当平顶建筑比较集中，必将出现单调乏味、缺乏艺术美感的屋顶线。所以，对较高的平顶建筑，设计中应大胆地发挥坡顶的随意性，巧妙地把技术设备层，如通风和电梯井顶与造型相结合，平顶与坡顶相结合，采用层层后退、逐层收缩、不规则的退台或顶部特殊处理的方法，也能创造出一些新的建筑形象，丰富城市空间景观（图4.154～图4.156）。同时，让人们在惯常的低视点情况下，也能获得较好的感受。

图 4.154　屋顶层层后退或逐层收缩

图 4.155　不规则的退台

图 4.156　建筑顶部特殊处理

（2）高视点情况下（俯视）。当人们处于俯视状态下，对建筑屋顶常常是一览无遗，建筑第五立面的效果会被充分显示。因此，屋顶的面积、形式、坡度、材料、做法、色彩以及整体效果对空间景观组织影响较大，设计中应予以充分的重视。特别是在现代城市中高层建筑日益增多的情况下，人们登高观景的机会愈来愈多，不少城市还设置有专门供人俯瞰全城景观的观景点，所以在这种情况下，对建筑屋顶的设计同样要求多种手法相结合，以形成多姿多彩的屋顶轮廓，为城市空间景观的组织起到好的作用。

如果屋顶没做特意的设计，就应该在屋顶安排绿化或设计屋顶花园，从而丰富视觉景观。

这些年来，我国的一些城市、城镇也十分重视建筑屋顶的设计，使得城市面貌得到很大的改善。如江苏省泰州市是江苏沿江地区最年轻的一个地级城市，1996年8月经国务院批准组建，它辖有三个中心镇。一是溱潼镇，该镇自然环境很好，城镇与自然景色融为一体，建筑屋顶保持了传统的坡屋顶形式（图4.157）；二是戴南镇（图4.158），大量建筑也是采用坡屋顶，丰富了视觉效果；三是张郭镇(图 4.159)，是泰州市的又一个亮点，建筑的屋顶都做了比较精心的设计，非常富有变化。遗憾的是，一些公共建筑的屋顶处理得过于简单、平淡，使整体效果受到一定程度的影响。我们注意到，这三座城镇都比较注重建筑色彩的运用。这也说明，通过色彩的运用可使城镇景观更加丰富，更具吸引力。

图 4.157　水乡溱潼镇　　　　　　　　图 4.158　戴南镇鸟瞰图

图 4.159　张郭镇

2)重视建筑色彩与质感的视觉效果

建筑除了实体造型(包括屋顶轮廓造型)和构成空间外，影响视觉的因素还有材料的质感、颜色等方面，它们不仅是建筑立面的基本内容，也是形成城市空间特征的重要因素。如果两座建筑立面的形状一模一样，而材质、色彩迥异，那么其空间效果就可能大相径庭。

在芝加哥有两幢多瓣圆形公寓塔楼——玛丽娜双子，由于两幢建筑色彩、材质、形状完全相同，运用重复韵律的手法将它们并列在一起，这就使得空间景观不仅具有韵律感，而且使建筑形象得到了强化。假如我们只是改变其中一幢建筑的材质和颜色，便会看到立面形状相同，而质感、色彩不同的画面。这时则是运用了韵律与对比相结合的设计手法，使两幢建筑形象更加突出，同时可能还会使空间景观变得更具可视性和观赏性(图 4.160)。由此可见，建筑的质感与色彩可以有助于城市景观的塑造。

在建筑景观设计中，强调其颜色、和质感还有一个重要原因：建筑的色彩和质感往往是地域文化的一部分，它们可以表征建筑和城市的特色及个性。比如东西方文化的差异反映在建筑风格上就有极大差异。在欧洲许多城市，包括巴黎、伦敦这些国际大都市，在城市建设中都十分注重保持自己的风格，如 20 世纪五六十年代的方盒子高层建筑也是以石材为主。

图 4.161 是欧洲某小镇的街巷，利用石材粗糙的质感来表达当地的文化特征，也即这个小镇的特色和个性。

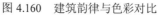

图 4.160 建筑韵律与色彩对比　　　　图 4.161 石材表达小镇的特色

这说明，色彩与质感以及特定的建筑与城市文化有着特定的联系，我们可以从中感受到不同时代和地区的文化气息，也提醒我们可以利用这些联系去创造特定的建筑和城市文化环境，即创造城市的特色景观。

图 4.162 是希腊某小岛上的一座小镇。在海天一色的环境中，民居建筑一致的白色使小岛成了一个整体，在巨大的时空中和谐地存在。居民们只在少数的墙壁上涂上颜色，比如在朝阳的墙上涂上黄色，背阴的墙上涂上紫色等。整座城镇以统一的白色体现了它的特色。

需要注意的是，在大城市中，如果没有巨大的背景因素，大片建筑如果采用单调、划一的色彩是违背视觉规律的，同时过分的五颜六色又走向了另一个极端。比如，冰岛的首都，如果不是处于其特定的地域环境，这样的五颜六色会让人感到有些杂乱无序(图 4.163)。

图 4.162 建筑统一的白色体现地方特色　　　图 4.163 冰岛首都雷克雅未克的景观色彩

但是，在城市的局部区段，尤其是为了保持城市原有特色的地段，采用多种颜色也是可以的，但必须在多样之中求得统一。如意大利某个城市的建筑立面色彩有多样不同的变化，但通过白色的门框和窗框取得了统一(图 4.164)；又如巴西某城的旧城区，建筑立面的颜色更加缤纷多彩，同样也由白色线框来获得统一感(图 4.165)。

图 4.164　意大利某城统一的白色门框和窗框　　　图 4.165　巴西某城区统一的白色线框

同理，在材料质感方面，单一的砖石和单一的玻璃均不适宜，前者会使人感到过分沉重，后者则让人觉得轻飘。因此，凡事应该寻求一个平衡，追求极端是不可取的。

3) 重视建筑的主从关系

城市中成千上万的建筑是构成城市空间最主要的实体，而建筑本身也正是在城市空间中展示自己的风采。

通常情况下，作为实体占领并构成空间的建筑，自身表现十分突出，比如悉尼的歌剧院、建在山顶的塔等均属于这类建筑，它们个性很强，是这组空间的主角。

而仅仅起围合作用并制造空间的建筑，则有些是主角，有些是配角。例如，圣马可广场上的大教堂，它既是围合广场空间的一部分，又是广场建筑群的主角，其他则属于配角。也就是说，在这类建筑中必定要有主次之分，不能每幢建筑都成为主角。俗话说"红花还需绿叶配"，如果鲜艳的红玫瑰没有一片绿叶相映衬，它会显得孤单，甚至失真，同理，主角建筑的风采也需要通过衬托才能充分体现出来。倘若几个相邻的建筑不分主次的各自过分强烈地表现自己，结果必然会互相冲突，影响到空间环境的整体效果，如图 4.166 所示。

图 4.166　扬州天宁寺与现代宾馆，主次不分

　　伊利尔·沙里宁对这个问题曾经有很深刻的论述："如果把建筑史中许多最漂亮和最著名的建筑重新修建起来，放在同一条街道上，如果只是靠漂亮的建筑物，就能组成美丽的街景，那么这条街将是世界上最美丽的街道了。可是，实际上绝不是这样，因为这条街道将成为许多互不相关的房屋组成的大杂烩。如果许多最有名的音乐家在同一时间演奏最动听的音乐——各自用不同的音调和旋律进行演奏——那么其效果将跟上面一样。我们听到的不是音乐，而是许多杂音。"这段话真可谓是强调建筑主从关系重要性的经典语段，它十分形象地表明了建筑的主从关系与城市景观的密切相关性。

　　号称江南三大楼之一的岳阳楼，屹立在洞庭湖畔已千年，是岳阳市的标志性建筑。在大修缮中把白蚁蚀空的木柱全部改换为现代钢筋混凝土排柱，在柱外包布、挂油，使其外观和弹性手感上均与木柱无异，成功的创造了古建筑"整旧如旧"的原则。但随后却在岳阳楼的南边增建了一幢岳阳宾馆，两楼紧邻，其体量、色彩、风格、质感迥异，显得格格不入。千年的古建筑一下被贬为高大宾馆庭院中的小品、玩物，主从关系发生了颠倒。同时还使古建筑环境遭到破坏。

　　图 4.167 反映了部分城市中建筑的主次关系：图 a 某广场上的建筑主次不明；图 b 众多高层建筑相拥一起，难分主从；图 c、图 d 建筑关系主次十分明晰。可见，建筑群体中主次关系明确的，构成的轮廓线也比较优美。

a.建筑主次关系不明

c.建筑主次十分明晰

b.高层建筑相拥一起，难分主次

d.费城上空的形象标志

图 4.167　城市中建筑的主次关系

　　4)底图互衬的关系

　　图形背景分析是现代城市设计的基本方法之一，也是行之有效的方法。国内外的系列城市规划设计竞赛中，许多获奖方案都对基地文脉进行了这种分析。空间视觉中的"底"与"图"的关系，是背景与形象的关系，它们是可以转换的(图 4.168)。

图4.168　底图互衬的关系

在视像景观的底图关系中，设计时应该注意规律性的现象。

(1)大的形象是小的形象之底或背景，小的形象则是大形象之中的图。相对于不同的范围与场景，大、小形象的底图关系可以彼此转化或置换。

(2)凹凸的形象为图，平展的形象为底。凹凸与平面，不但是建筑物本身的底图关系，而且实实在使建筑物的立面给空间以不同的分割，形成不同的外部空间形象。

(3)暗淡的形象为底，明丽的形象为图。形象暗淡自然形成隐退的视觉效果，而处于其中或其旁的明丽形象，则有前冲、清晰的视觉形象。这类底图关系主要是为空间"着色"，装饰城市建筑的外部空间。

(4)具有同质、均匀体面者为图，具有异质、变化起伏体面者为底。后者打破了视觉空间的呆板与平静，增加了美的意蕴。

视觉景观形象的底图关系只是一种相互反衬的关系，彼此间存在着变化中的统一，运动中的相对静止。

二、街道与道路

街道和道路是一种基本的城市线性开放空间，它既承担了交通运输的任务，同时又为城市居民提供了生活的公共活动的场所。相比而言，道路多以交通功能为主，其空间与周围建筑关系比较疏远，一般为纯外部的消极空间，如城市中的交通性道路。而街道虽然也综合了道路的功能，但它则更多地与市民日常生活以及活动方式相关，如生活性道路、步行街等，其空间由两侧建筑界定，具有积极的空间性质，与人的关系密切。据专家统计，大部分城市中，街道的面积约占城市总用地面积的1/4，一般旧城商业区街道密度较大。所以，街道普遍被看成人们公共交往及娱乐的场所，也就成为景观规划设计的主要对象之一。城市中交通性道路和生活性道路在设计时有所不同。然而在实际规划中并未将二者截然分开，因为它们都是城市中的带状空间，除了那些性质单纯的道路外如专门的步行街道和自行车道，都要产生人行交通、车行交通，而要严格区别并不容易。

1. 街道的景观作用与特性

无论是道路还是街道都是穿越城市的运动流线，都是提供人们认识城市的主要视觉和感觉场所，所以也往往是城市景观集中反映的场所，其景观的作用和特性如下。

1）时空性

街道空间是由两边建筑所界定而构成的城市空间的主要部分，而空间的连续性是城市建筑景观重要的特性之一。不仅如此，好的城市景观，其空间变化也应该是连续的，即城市建筑和城市空间都讲究连续性。然而，这种连续性常常是依赖于街道的时空变化，或者说是建立在街道的时空概念上来体现的，即需要通过街道的连续变化建立起建筑与空间的秩序。

因此，进行街道设计时，必须考虑其段落、节奏、高潮、尾声等的变化处理，着眼于一系列变化形象的创造，为人们提供美好的视觉转换，培养情绪、气氛，给予方向感等。这样才能构成空间或建筑"不断变化的连续的画面"，形成良好的街道景观。而在通常充满丰富美丽景象的街道中进行活动时，人的主观上会感到时间过得很快，时间在不知不觉中流逝，愿意多停留一会儿。好的街景对于人的吸引力是较大的。因此说明城市空间能否吸引人们前往活动，景观的处理是很重要的。

2）广袤性、复杂性与趣味性

街道为人们的运行活动空间提供了轨迹，当人们运动其中，便使所有景物都处于相对位移的变化之中。这种由于视点的变化而产生视距和形象的变化，使其景观更具有广袤性、复杂性与趣味性。这实际上就是人们动态观赏街道景观带来的步移景异的效果。在这方面，直线形街道景观效果较为直接（图 4.169），而曲折形、起伏形街道景观就更富有变化，会让人感觉走在一个连续的内空之中，趣味性更强，如图 4.170 所示。

图 4.169　直线道路上的景观

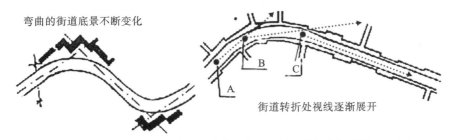

弯曲的街道底景不断变化

街道转折处视线逐渐展开

图 4.170　弯曲的街道底景在不断变化（左），转折处视线逐渐展开（右）

图 4.171 中维也纳的曲折街道，可让行人看到更多的建筑细部，结合街心雕塑，使街道空间深远而富于趣味与层次。

图 4.171　弯曲的街道空间

旧金山起伏的街道造成一种强烈的变化感（图 4.172），上坡有山顶绿化的导向作用，下坡能清晰感知街道与整个街区的视觉关系，突出了街道的韵律感和变化情趣。

可见，从丰富街景的角度来看，适当弯曲、起伏的街景显然会更好一些。

图 4.172　旧金山起伏的道路

有位社会学家曾说过："如果城市街道看起来有趣，这个城市就有趣；如果它看起来呆板单调，这个城市就显得单调。"美国记者简·雅各布在《美国大城市的消亡与生长》一书中写道："当我们想到一个城市时，首先出现在脑海里的就是街道。街道有生气，城市也就有生气；街道沉闷，城市也就沉闷。"可见，街道在城市中举足轻重。因此，街道景观营造的重要性也就不言而喻。

2. 街道景观设计

街道景观是构成城市景观特色的重要一面，它既可以作为城市主要景观的对象，又是城市景观的窗口，还可以成为景观的视觉或视线走廊。因此，街景的规划设计从来都受到人们的特别重视。

1) 街道景观的构成

街道景观主要由天空、周边建筑和路面构成。天空变幻，四时无常。街道路面则起着分割或联系建筑群的作用，同时也起着表达建筑之间的空间作用。路面的材料有多种多样，如石板路、卵石路、沥青路、砖瓦路、地砖路、水泥路等，这些材料在材质质感、组织肌理和物化属性上各不相同，进而形成丰富多彩的街道路面形式和景观(图4.173)。

地砖路面   水泥路面   石块路面

图4.173   街道景观中各种路面材料

在大流量的城市交通性道路上，一般多用沥青或混凝土路面。但居住区内常以生活性道路为主，即便通车车流量也小，且需要限制车速，所以路面可以不限制这两种材料，比如石块路、石板路。

英国诺里奇城的伦敦街是条车行道，为了减低车速，采用块石铺成波纹条，结果降速效果很明显，被人们称为"躺着的警察"。

我国江浙一带一些城镇习用"三线街"，即中间为块石路面，两侧用立砌的青砖；还有"石板街"。它们不但对保存历史风貌有重要作用，而且在路面排水、渗透方面也有独特的优点。

在城市的步行街上常采用彩色预制混凝土块铺砌，形成"五彩路"。如果在混凝土块之间植草，更可以增加特色，其目的是为了吸引人们在这里行走(图4.174)。

在街道景观设计中，周边建筑在如何处理好建筑形体和空间环境秩序连续性方面起到至关重要的作用。街道景观的连续性包括建筑设施，乃至建筑的风格、尺度、用材和色彩等方面内容。在设计手法上，其变化方式更为丰富。

除了以上的构成内容外，街道绿化和街头家具也是构成街景不可缺少的成分，它们对于丰富街景面貌，强化艺术氛围，增加人情味，提高趣味性等方面起着十分重要的作用。

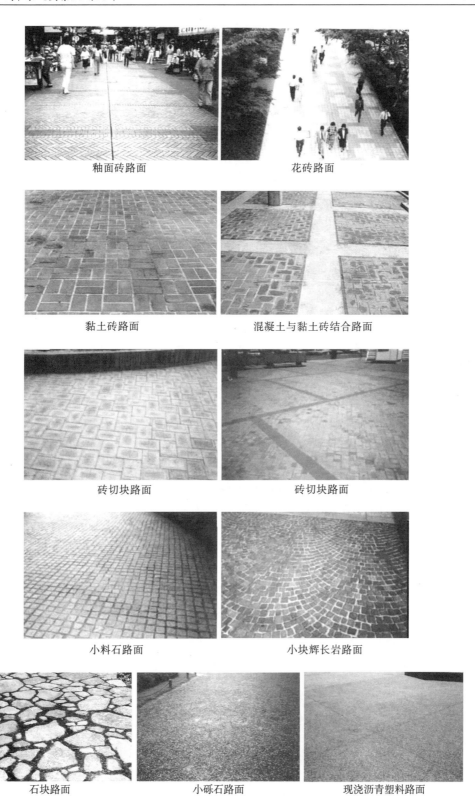

釉面砖路面　　　　　　　　　　　花砖路面

黏土砖路面　　　　　　混凝土与黏土砖结合路面

砖切块路面　　　　　　　　　　　砖切块路面

小料石路面　　　　　　　　　小块辉长岩路面

石块路面　　　　　　小砾石路面　　　　　现浇沥青塑料路面

图 4.174　街道景观中的路面铺装

2) 街道景观设计要求

(1) 街道需有明确的景观氛围。在进行街景设计之前，必须根据城市景观系统规划和历史文化环境保护规划的要求，或根据城市总体规划的要求，在明确了街道的功能性质、红线宽度的前提下，对所规划街道的环境气氛要求进行分析，根据其热闹、喧哗、宁静、祥和等特性来确定其景观主题。比如，是体现城市历史文化环境的街道景观，还是体现城市现代化气息的街景面貌；是热闹、繁华的商业街，还是车辆频繁的交通要道；是居住区内部的街道，还是城市中的生活性道路。因为步行街与人车混行街、传统性街道与现代道路，它们在规划设计上都是有所不同的，只有弄清楚以后才能对症下药。

从图 4.175 中可见，传统街道的线形通常比较曲折而自然，路面亦较窄，建筑高度不大，风格较为统一，如图 4.176 所示；而现代街道通常比较笔直、宽敞，建筑高低错落，造型各异，如图 4.176 所示。

步行街道亦是如此。同是日本京都的步行街，但所展示的街景面貌差异却很大（图 4.177 和图 4.178）。

图 4.175　佛罗伦萨传统街道

图 4.176　上海金陵东路

图 4.177　日本京都的传统步行街

图 4.178　日本京都现代步行街

　　此外，街道景观设计还需了解城市规划对街道设计的特殊要求。例如，20 世纪末的四川广元市对上、下河街进行改建，政府明确提出了设计要求：将现有破旧的沿河道路改建成为仿唐一条街。这并非为了保护城市的传统，也非刻意地恢复城市的传统，而是为城市增添一条特色的步行街道，以吸引人们游览和观赏，是为了配合城市旅游业的发展而规划的一条街道。

　　(2)掌握街道景观的静动协调。首先，街道景观设计是在满足人、车使用功能的前提下进行的，为确保景观效果，需要协调好静态景物与动态交通流之间的关系。

　　静态景物是指构成街景的内容成分绝大多数为一种静止的状态。街道空间是城市的主要公共空间之一，人们需要在此获得交往条件和景观享受。人们来到这里后的运动方式有两种：即步行和车行，由此产生人流、车流或人车混流的动态交通流。

　　步行运动是自发随意的，因此对景物和环境的感受也是随意的。在步行空间，行人可以自由地观赏景物，视点移动是任意的，并可根据需要而随意停止。所以，在步行空间中，景物的变化节奏较慢，人们会感到线性空间变长了，景物间距加大。

　　而车辆的运行却是连续的线形，具有明确的方向性和固定的速度，不能任意停留。视点随车辆发生位移，不能集中对某一景物作长时间的品评。各景物被视线连续或急速地形成画面，这是因为交通工具速度较快，给人的视觉感受是节奏加快，空间缩短。因此，即使景观、景物各具特色，获得的景感也只是整体轮廓。另外，受交通工具观景口(车窗)所限，视野不能完全包含景物，并且对街景的观赏通常只是一个侧面。

　　尽管行人和车辆运动的速度不同，但人们对街道上各种静态的景物得到的是动态景感。人们还可以从动态线形交通流将静态景物连续起来而得到街道景观的总体印象。由此，街道空间的静态景物应该以动态交通流的连续运动作为设计的依据，根据交通流的快慢确定景观的变化节奏，处理好景物间的比例、尺度、造型、色彩等，使静态景物与动态交通流之间关系协调，让人们在运动中欣赏到一幅完美的动态画面(图 4.179)。

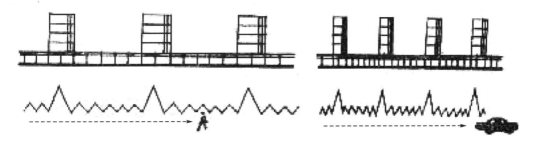

图 4.179　步行与车行观赏街道景观的变化

　　人与车的运动速度相差较大，一般来说，人运动的速度与其视觉感受是成正比的。人的运动属于慢节奏，而车的运动是快节奏，那么对于性质单纯的街道比较好处理。一般情况下，城市的交通干道、主干道应该按照车的中速和慢速来考虑街景的节奏，同时又兼顾行人的视觉感受。为了统一这一矛盾，建议在街道建筑的体量关系和虚实对比的节奏上拖得长一些，以适应车行的节奏；而在接近人们的店面，建筑的一、二层楼的装饰，则按步行的节奏进行设计，其体量与虚实对比变化节奏要短一些。

　　根据相关分析，若以人们在步行活动的视觉感受出发，道路两侧建筑体量形式的变化，用 30～35 米的节奏进行转折和变化，即变化节奏应快一些，景观单元按 30～35 米进行安排；若以车行的动观节奏来进行规划设计，其建筑的高低起伏韵律和体量形式的变化用80～90 米的节奏来进行布置，其变化节奏应慢一些，即是现代快速观赏方式，要求大尺度的景观。如车速为 60 公里/小时，景观单元相应也应扩大 50～80 米。这也说明，芦原义信关于外部空间尺度的理论不可完全依赖。

　　另外，景观尺度与街道宽度也有一定关系。一条街道两侧的建筑、雕塑等景观尺度与其宽度存在的关系，须从街道景观的整体上来加以考虑。

　　(3)注重街道景观的整体性。街景规划应将全街视为一个有机整体，建筑、路面、绿化、家具等都需要根据景观的气氛要求进行统一布局设计，以使各部分融合为一个有机和谐的整体。

　　一条街的整体性，表现在建筑风格、建筑色彩以及建筑装饰"语言"的统一性上，但"统一"并不是要求全部都统一。建筑的体量、高低、进退、线条、色彩可以多变，但总体风格应力求统一，如图 4.180 所示。否则古代的、现代的、中式的、西式的等建筑混杂，在建筑语言上"南腔北调"是难以构成整体性的。

图 4.180　伦敦阿伯特与维也纳街道表现在建筑风格、色彩、装饰上的整体性

　　一条街的整体性还体现在街道绿化的统一风格基调上。如植物的种类、姿态、大小、颜色、高矮、疏密、搭配等，都要做到变化与统一相结合。为防止环境出现杂乱无章现象，要注意绿化与建筑协调，变化不宜过多。在重点地段可适当点缀一些花草、盆栽，以丰富景色。尤其是对比较窄的街道，必须谋求林荫化，创造出一个以绿化为中心的街道景观，以绿化来获得街道的整体性。

　　街道空间是人们从事社会活动的场所，街道绿化对人们的活动起着庇护作用。如果将道路边界比喻为海岸线来看，街边绿地对于行人来讲就是一个具有防波堤的避风港。因此，有良好绿化的道路会对人们产生很大的吸引力。如图 4.181 和图 4.182 所示，炎热的夏季，人们对浓荫情有独钟；乔木为行人遮阴，绿篱使空间富有层次，草坪让街景变得统一而整洁(图 4.183)；雄伟的乔木，整齐的绿篱，鲜艳的花卉，组成独特的街头绿化景观，让人们饱赏眼福(图 4.184)。

图 4.181

图 4.182　街道空间的绿荫

图 4.183　草坪让街景获得统一感

图 4.184　乔、灌木组成街头绿化景观

　　而且，街道家具对于一条街的整体性也是不容忽视的。岗亭、灯柱、公交候车廊、围栏、雕塑、座椅、电话亭、垃圾桶、饮水台等的设计与布置，都应该与街道的景观环境相结合，以丰富街景。如图 4.185 所见的城市街道，其家具的布置对街道的整体性起了重要作用：公交车候车廊的架子、座椅的支架扶手、站牌的支架，行道树的围护栏、灯柱以及树池的篦子都采用了相同颜色的材料，且同类家具又采用相同的式样，使整条街道显得更加统一、整洁。

图 4.185　家具布置的整体性作用

　　此外，家具的设计布置还可以为街道景观起到弥补的作用。例如，城市的商业街道其建筑立面、墙面、橱窗、货架等总是显得五光十色、变化多端，为的是营造一种活跃、热闹的气氛。为了保持这种气氛，又要避免杂乱无章，于是常常采用同一色彩基调来设置室外家具，包括对地面的铺装，即可取得整体和谐的效果。如图 4.186 所示，澳大利亚悉尼

的科索步行商业街，原为一条汽车和行人混行的商业街，在 1979 年改建为全步行街。该步行街两端通向幽美的海湾，设计力图不阻挡看向海湾的视线，因此除保留原有几棵高大的枣椰树外，未再多植树，只增加了花坛，同时将露天演出场地做成下沉式(图 4.187)。沿街两侧是保留下来的老式建筑，它们在立面上表现出过分的多样性，甚至出现相互的矛盾和冲突。为此，街道的铺地采用乳黄色及深褐色为基调，灯柱、座椅、垃圾箱、自行车架、饮水台等均统一采用酱紫色，并与铺地图案结合，同时在质感上也与地面相统一。这样的设计，不仅大大减弱了与建筑的矛盾，而且由地面、家具设施构成了空间底面的强音，富有地域特征的枣椰树起到突出街景形象的统帅作用，使人们感受到整个街道空间和谐的美以及多样性的充实。

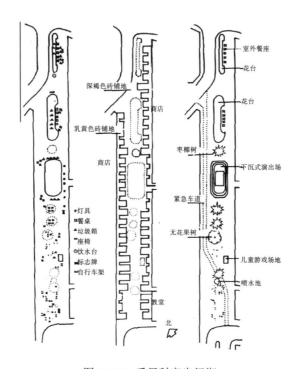

图 4.186　悉尼科索步行街

图 4.187　悉尼科索步行街保留的枣椰树　　　　图 4.188　直线形街道上的整体布置

图 4.188 为一条直线形的商业步行街，通过家具和绿化进行整体统一的布置。总之，把街道、建筑、路面、绿化、家具视为整体进行布局，注意相互补充，相互配合，相互协调，才能取得街道、建筑、绿化、小品多位一体的最佳效果。

(4)街景须注重节律变化。一条街的规划，可视为一首乐章，要有序曲(街头、过渡)—高潮(重点)—尾声(街尾)，才能形成富有变化的韵律，决不可采用平铺直叙的均匀布置，那样会使街景平淡无奇，单调乏味。

在组织空间系列上，街道应有一个完整的空间组织结构，形成一个由前景—高潮—后叙空间组成的有起伏、有节奏的空间序列。

在人流、车流来向较明确的地方，以及在人、车驻留时间较长、频率较高的地方，如车站、大型商店、大型公建、游园、广场等地方要作为重点布置，比如场地宽阔，绿化增强，建筑体量、色彩和夜色灯光突出，灵活运用城市标志、雕塑、小品、广告塔等，构成节点型空间，形成街景高潮。其他路段配合高潮段作一般处理，但对城市的重要街道，其两端也需要作节点处理。这样才会使街道景观有节律变化，有起有落，令人回味无穷。

图 4.189 是北京、上海、天津三座城市商业中心大街的聚气点高潮布局：以百货大楼、市场、商场等构成商业大街的高潮。

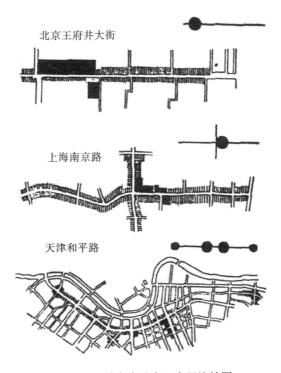

北京王府井大街

上海南京路

天津和平路

图 4.189　城市商业中心布局比较图

太原市迎泽大街全长 10 公里，为贯穿城市东西向的主轴线，其中从火车站到迎泽大桥的 4.2 公里道路，为连接城市核心地段的重要生活性干道，街宽 70 米。这条长而直的街道空间，因布局上有多个节点型空间与之结合，在整体景观上形成了一定的节奏，因而没有给人以单调压抑之感。从东端的火车站广场向西 1 公里有市中心广场，继续向西 1 公里有迎泽公园(图4.190);直至西段的桥头公园,其中五一广场是最重要的节点和高潮(图4.191)。这一系列节点,使整个颀长的街道空间产生了虚实、软硬风景的变化,加之沿街某些建筑红线做了一些必要的后退,从而避免了形成一条有建筑封闭的单调感的街道走廊。

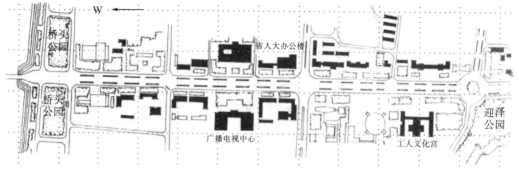

图 4.190　太原市迎泽大街(西段)

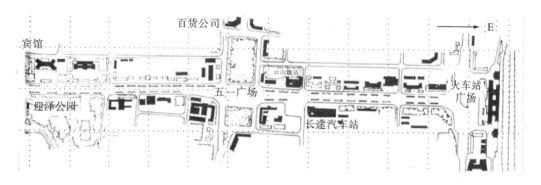

图 4.191　太原市迎泽大街(东段)

图 4.192　某小城镇折线形步行街主要节点的白天与初夜景观

图 4.192 为某城镇折线形步行街的高潮节点设计。

在步行商业街特别应该按照人的活动规律组织好空间序列,即由前导—演进—高潮—

后叙空间组成，与音乐交响乐曲如出一辙。

前导空间是空间序列的前奏，在形成和空间环境上应具有突出的提示作用，以吸引人们达到"先声夺人"的目的。它可以是一个向里凹进的广场，可以是一个"门"式的构架，也可以是牌楼、标柱、过街楼，还可以是带透明顶盖的街道空间的一部分。这种处理最容易取得效果(图4.193)。

图 4.193　空间序列的前导空间

演进空间，为步行街的主体。一般由街道、小巷等组成，它是空间序列的诱导过程。

高潮空间，也称为主题空间。一般由重要建筑物和广场构成，前导空间和演进空间输出的全部信息在此进行整合和强化，使主题信息更为突出。能否使空间进入高潮的关键有两点：一是突出主题；二是组织好人看人的共享环境。

后叙空间，是步行商业街高潮后的余音和补充，在尽端处通常布置广场，以示结束。也可作为步行街次要人流进入的开端。

3)街道线形与街道景观

从美学角度看，道路的线形对道路的美观是很重要的。常言道，人们的才智与直线有关，而感情却与曲线相维系。画一条直线，你只能从头脑中得到一个简单的感受；倘若画一条优美的曲线，你则会从心底里感受到美。大自然主要呈现出曲线形态：海洋的波涛起伏，山峦的横亘延绵，天上的白云悠悠；脚下的流水潺潺，从中绝对找不出笔直生硬的线条，而给人以行云流水般的柔感。但考虑到道路美和道路交通的需要，城市中就有了曲线与直线形式以及更多线形并举的道路。尤其地形复杂的城市，如重庆山城的城市道路，结合地形地貌产生了许多线形不同的街道：之字形、S形、单曲线、复曲线、凹曲线、凸曲线等，复杂的地形地势形成了复杂的道路线形，便成为山城景观的一大特色。

不同线形的街道景观也不一样。直线形的街道空间从透视情况看只有一个消失点，近处的景物大，而远处的景物急剧变小，从而得不到充分的展示，而且大体保持对称形式的景观构图。当人们沿街远望，也常常受视线、视角的限制，很难观赏到较长地段的景观。图 4.194 是某城市的直线形道路空间，从入口远望，只有一个消失点。对这种长而直的街道景观设计，主要在两侧建筑上做文章(图 4.195)。如利用建筑的立面造型、高低、进退、色彩等形成较多的变化，再辅以道路绿化使街景得到丰富。为了防止人们在这样的道路上行走感到冗长乏味，可运用轴向景点的布置手法，在长而直的街道上分段设置标志物，犹如文章长句中的标点符号(图 4.196)；还可将某个标志点予以重点处理，布置更为突出的大型雕塑或巨型灯柱等，像文章中的惊叹号，给人振奋感（图 4.197）。当然，标志物的设置形式应根据当地的具体条件、要求和特色进行布置。而在交通繁忙的干道上不宜多置标志物，因为它会分散人的注意力，惹人在此逗留，影响到交通安全。也可以在垂直道路的尽端设置底景，底景可以是高大建筑物，也可以是纪念碑、高塔，也可借助于郊外的风景等（图 4.198）。当采用大型建筑物作底景时，常常给人以封闭感，但有利于强化主体建筑的形象，如图 4.199 所示，费城某大道远处的底景，面朝北面，呈深灰色的大型建筑物，堵在道路南端，会让人感到压抑，这是不可取的。若采用轮廓优美的小型景物，简洁、细高的建筑或者纪念碑作为底景，则会显得开阔、轻快。

曲线或折线形的街道空间，随着街道空间方向的变化，街道两个侧界面的景观有较大差异，一个侧界面急剧消失，另一个侧界面得到充分展现，景观构图带有明显的不对称性。这种形式的街道景观是富于变化的，且比较含蓄，因为转折处的景物随视线的移动逐渐展开，而非一览无遗（图 4.200 和图 4.201）。景观设计时要特别注重在弯道外侧利用建筑、景物成为底景，让人们在曲线运动中，欣赏到渐变的景象（图 4.202）。同时注意对曲线外侧的街景处理要适当封闭，以避免人的视觉涣散，也能起到视线的诱导作用（图 4.203）。

图 4.194 某城镇的直线形街道空间

图 4.195 长直街道注重建筑表现

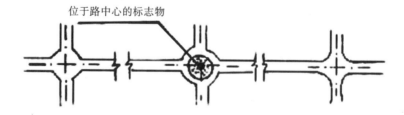

图 4.196 轴向景点的布置手法——分段设置标志物

图 4.197　长直街道上标志物的重点处理

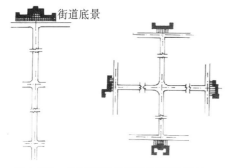

图 4.198　垂直道路的尽端可设置底景

图 4.199　费城某大道远处的底景偏大而实

图 4.200　曲线形街道

图 4.201　折线形街道

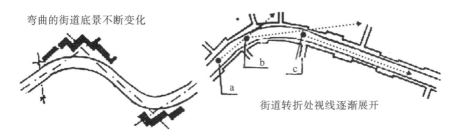

图 4.202　注重在弯道外侧利用建筑、景物作为底景，形成渐变的景象

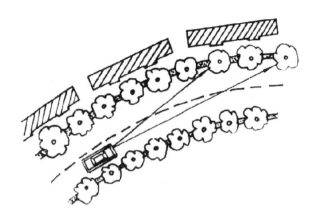

图 4.203　采用对景、借景的手法创造动态变化而又连续的视觉环境

　　无论从交通或景观角度来看，大曲率半径的线形都比直线形更优，因为直线形容易使司机精神疲劳，放松警惕，增加发生事故可能性。而曲线形道路还会使沿街空间变得丰富起来。

　　另外，为了在街道上创造动态变化而又连续的视觉环境，通常使用对景和借景的手法，把道路沿线附近的景观对象有机地组织起来，互为因借。如北京北海前面的道路选线，从文津街到景山前街一段就充分运用了借景与对景的手法：道路由西向东曲折变化，在动态中创造了对景团城，借景北海、中南海，对景故宫角楼，对景景山，借景故宫、景山等五个道路景观环境。这五个景观有近有远，有高有底，有建筑，有水面，过渡自然，富于乐趣，这是道路选线与景观环境组合的一个很好的范例，如图 4.204 所示。

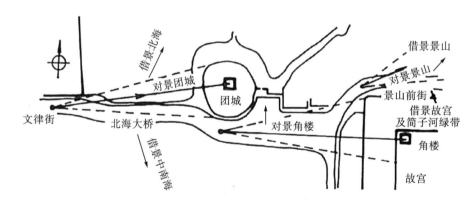

图 4.204　北京北海前道路景观借景范例

　　再如西安、苏州、南京等城市的一些街道也是借用名胜古迹、重要建筑为对景(图 4.205)，既突出了地方特色，又丰富了街道的艺术效果。若能以山峰作为对景素材，通过将自然景物借入城市，更能体现城市与自然的结合，不仅能丰富街景与层次，还能构成城市佳景。

　　图 4.206 为苏北地区靖江市一条街道，它借以市郊的孤山风景区的最高峰为对景，其前面的建筑适当降低了高度，使山形得到完美展示，成为这条街道最亮丽的一景。图 4.207 中靖江市某街道借以市郊孤山公园为对景，取得了较好的视觉效果。

　　南北向直线形干道以大雁塔为对景及结景　　　　　　鼓楼位于街道正中成为街道的对景

图 4.205　西安古街道以道路轴线设置对景

　　图 4.206　苏州北寺塔为街道的借景　　　　　图 4.207　街道借以市郊孤山为对景

　　但是，在街景设计中所运用的对景、底景等手法正是风水形法所忌讳的。按风水的观点认为在 J 字、T 字形交叉口的道路尽端和道路的反弓面(即转折曲线外侧)布置建筑，就会犯了路冲，其风水不利(图 4.208)。因为这些地段正好是有煞气的冲煞地段，尤其不能布置居住建筑。所以，按风水规划，居住区内部道路要尽量通顺，不错不堵，力求平直，直角相交，以避免剪刀煞。道路不可无意义的弯曲，不要出现断头路，便可避免出现反弓、路冲、剪刀煞的地段。

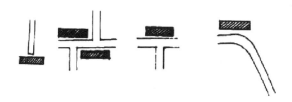

图 4.208　路冲的布置示意图

4) 沿街建筑物的布置

　　街道两侧的建筑物是街景的主要表现对象，其立面形式、高度、细部处理、具体布置等方面都会对街道景观产生影响，它的设计重点，需注意以下几点。

(1) 沿街各建筑之间宜多留空隙。建筑与街道平行布置易形成街道气氛，利于表现建筑物的主要立面，创造室内外结合的条件。但这种布置也易造成空间变化较少，可能影响到街道的日照、通风等。为此，可在建筑物间适当留出间隙，同时采用裙房、栏杆、围墙、绿化等小品来封闭缺口，保持连续性，避免出现跳跃。同时为了避免沿街布置的大体量建筑对街道的压抑感，可采用减小体量，适当后退的办法，减少对街道的压抑感，保证阳光照射到绿化空间上，如图 4.209 所示。

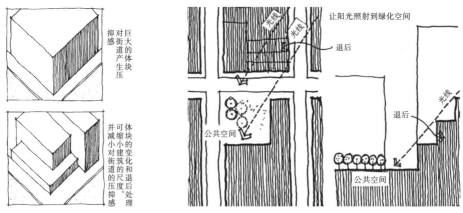

图 4.209　沿街建筑之间留出空间

(2) 采用点式和板式建筑相结合。板式建筑在经济实用方面有很大的优势，尽管它容易遮挡视线，影响日照和通风，而且会形成单调呆板的景观，但在城市建设中仍然比较常见。在街景设计中，为了避免上述问题的产生，可采用点式和板式的结合，或者对板式建筑灵活处理，就能达到虚实对比和高低对比的空间艺术效果。特别是在旧城道路改建中，因旧的建筑密度大，建造一些比较高的、形象较突出的点式建筑是十分必要的；而适当降低板式建筑的高度，并在布置上注意灵活性，这样就有利于形成丰富的天际轮廓线，有利于增加绿化面积，丰富街景。

如某市街道北侧几乎全是板式建筑，但处理灵活。板式建筑采用十字形平面组合形成变化，其他部分则用矩形平面逐步后退拼接，再利用底层商铺巧妙结合，兼顾了标准化与多样化，打破了单调感(图 4.210)。

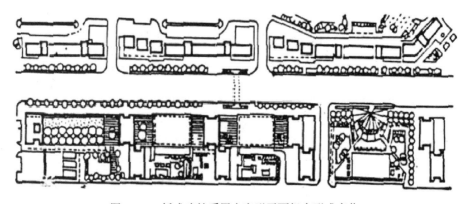

图 4.210　板式建筑采用十字形平面组合形成变化

(3)将重要建筑物后退红线布置。将一些建筑物红线适当后退,可使街道空间有所变化,这也是强调街道上某些建筑物重要性的最简单办法,至少后退一定的建筑进深,使邻接建筑的侧墙暴露出来,后退越多,这座建筑就显得越重要。

建筑后退红线布置形成的凹型界面,给人以封闭、围合、停驻的暗示;建筑后退之后形成的空间又给人们准备了第二人行道,它与第一人行道不同,比较清静,使人产生安详感(图4.211)。特别是在繁华、嘈杂的环境中,可为城市提供更多的公共活动场所,这无疑对城市活动具有重大贡献。图4.212中南京商厦前为市民活动留出的缓冲空间。实际上这也为街道空间提供了丰富的活动景观。

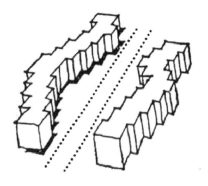

图4.211　建筑后退红线布置

图4.212　大型商厦前的缓冲空间

但应注意,若两侧建筑都往后退,便形成了以街道为中心线的封闭空间,街道的连续感就受到了影响。同时,沿街过多的后退布置将形成的街道凹凸不平的界面,容易使人视线分散,造成街道空间意图不明确(图4.213)。

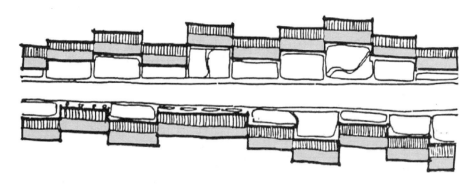

图4.213　建筑过多的后退红线

(4)处理好沿街建筑的竖向构图。建筑立面可以有不同的线条表现:①如果以垂直线条为主,则具有崇高、希望、向上的特征,如图4.214a所示。当垂直线条把街道立面划分成多个视觉单元时,由于垂直线条对视线的引导是竖直向上的,与人运动方向不一致,因此人们观察时眼睛需要在水平和垂直方向上不断交叉变换,这就增加了视觉环境的复杂性，从而感到有些欢快和紧张，如图 4.215 所示。②如果以水平线条为主，则具有舒展、平稳、奔放的特征，如图 4.214b 所示。当街道立面以水平线条为主时，有助于立面的连贯性与一致性，同时由于线条与人眼睛移动相顺应，会使视觉环境简单化(图 4.216)。我们可以利用水平线条对人眼睛的引导作用，来突出想要突出的某个建筑物，使其成为空间环境中的视线焦点，如图 4.217 中的钟楼。但是如果建筑过于横长，看上去就会像趴在地面上，令人感觉沉重、消极(图 4.214b)。③如果将几幢水平线条和垂直线条的建筑进行集合，形成高低错落的群体，则会感到一种积极的活力和一种集体力量，具有一种互相矛盾的统一感，如图 4.214c 和图 4.218 所示。④若将屋顶进行不同的处理，则更能体现竖向构图的情趣，如图 4.214d 所示。⑤如果是作为对景的建筑物，一般要求比其他建筑要高大一些，否则会因高度相差不多，而产生封闭感。它可以高耸细长，也可以呈宽阔水平状。对它的立面处理为：若面对的是不开口的墙面，则会显示不亲切的感觉；若面对的是开口的墙面，则会感觉较好；若面对有大开口的墙面，也会感觉很好。

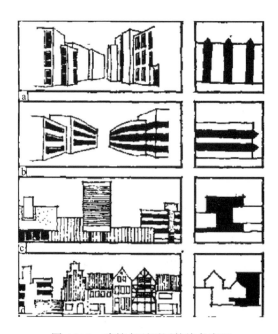

图 4.214　建筑立面不同的线条表现

图 4.215　建筑垂直线条的运用

图 4.216　建筑水平线条的运用

图 4.217　通过建筑水平线条突出主体

图 4.218　水平与垂直线条集合的对立统一

（5）对个体建筑物可采用三段式构图手法。即一幢建筑从下、中段到顶端采用不同程度的处理。

通常情况下，人在街道上活动的视觉范围在地面上 10 米左右，即建筑的底层和二层，属于建筑的下段。这段建筑的尺度、形式、风格、细部(立面上的门窗、墙面、柱廊、装饰、色彩、质感与地面的连接处理等)渲染而成的空间环境，往往可以影响人的行为活动和视觉感受，也是街道空间中最有魅力的地方，所以对这段建筑处理要精致，并布置一些与生活有关的设施，使建筑与路融为一体。此时，如果底层能采用架空或部分架空以及骑楼等形式成为一个向群众开放的活动场地则更有意义。

图 4.219 展现的分别是瑞士街道底层的拱廊，佛罗伦萨街边的柱廊空间，上海金陵车路沿街骑楼，其下段成了人们的休闲娱乐空间。

瑞士街道底层的拱廊　　　　　　佛罗伦萨街边的柱廊空间　　　上海金陵东路沿街骑楼

图 4.219　底楼的架空后的活动空间

人在街道上活动的正常视觉范围内，建筑的中段一般只作为街道的衬景，由于功能的需求，体型应较为完整，一般不需要作过多的装饰。

建筑的顶段控制着整个建筑的形象特征，因此创造优美的轮廓线是关键。应在整条街道的轮廓线控制下，运用对比统一的方法形成完美的建筑。如图 4.220 所示，悉尼维多利亚女王大厦的沿街立面就体现了这三段式的构图处理。

图 4.220　悉尼维多利亚女王大厦

5) 建筑细部的处理

建筑细部主要包括墙面、阳台、门窗、屋顶、檐口、挑蓬、柱廊、栏杆、扶手等部分。

当建筑细部的处理方法、建筑材料、形式、色彩的选用相同，路旁建筑的临街立面没有凹凸变化时，会使街道的深远程度显得很突出，但景观单调；相反，在建筑细部的处理，材料和色彩的运用上变化比较丰富时，人们的注意力就被引向一幢幢建筑物，使街道景观变得很有韵味。可见，细部的处理十分重要。它可以极大地增强建筑立面的"耐读性"。丰富建筑立面的层次和深度，精巧的细部会使建筑富有艺术美感，外国古典建筑(图 4.221)和我国古代建筑表现最为突出。

图 4.221　外国古典建筑的建筑细部处理

　　而现代建筑多倾向于采用简洁的处理手法。如图 4.222 所示，这组建筑细部处理较简单，几个长方体的组合，形成曲折的体形，水平的深色窄条窗与浅褐色的墙面给人安宁感，并使建筑整体统一富有特色，建筑下部颜色加深，并与深色路面形成过渡。图 4.223 是一幢住宅楼，总体上只有两种颜色：红色夹杂白色；阳台采用了半实半空的曲面处理，即下部封实，上部开放；白色平面透空栏杆，红色曲面实墙；室外空间进行了良好的连接处理。整幢建筑显得安静、和谐。

图 4.222　现代建筑细部处理简单　　　　　　　图 4.223　住宅楼阳台虚实结合

　　而图 4.224 中的建筑首先反映出了上下两部分不协调问题；下部宽厚，上部因后退尺寸显矮，当人站在地面上仰视建筑时，这种感觉更为突出；其次，建筑材料有反光玻璃、光滑瓷砖、外喷涂料和混凝土板等类型，颜色有深蓝色、黄色、白色和红线条，这就使得太过杂乱；最后，细部处理缺乏统一感，主要表现在窗户的处理上各不相同，如不开窗、部分不规则开窗、全部规则开窗。由于这幢建筑有太多的差异，又缺乏从中起协调统一作用的因素，使得它缺乏艺术美感。

　　图 4.225 为街边两幢建筑，古典主义的石材和现代的彩色金属板紧紧地贴在一起，然而却让人并不觉得唐突，或不合适。这是因为二者在墙面处理上十分相近，并且总体上表现出构图原理的同质性。因此，尽管二者存在差异，但仍然成为连续性的沿街立面。

　　从街道景观设计这个问题的讲述中，我们可以十分清楚地看到建筑物在街景的塑造中起着最重要的作用。人们常把建筑比喻为凝固的音乐，此种比喻尤其适合于街道空间。线形街道就像是乐章，单幢建筑就像是音符，要组成完美动听的乐章，必须进行有机组合，使人在街上随着视点的连续变换，产生类似音乐感的动态效果。肯定地说，一条有序而优美的街道建筑群，其高低变化、进退节律必然是合于音乐旋律的。比如，旋律优美、起伏有致的街道建筑群，恰似一首欢快的舞曲。根据音乐家莫扎特《旋律》所对应的街景立面轮廓图，显现出在悠扬的旋律图示化以后的建筑轮廓，高低起伏，错落有致（图 4.226），难怪世上许多学者描述"建筑是凝固的音乐，音乐是流动的建筑"。反之，无序的噪音似的街道建筑群组合，是不可能优美的。但平淡而幽静的《月光曲》所谱写出来的街道建筑群，也不适合于繁华商业街区。

图 4.224 材料杂乱而建筑细部处理缺乏统一感   图 4.225 墙面处理表现出构图同质性

图 4.226 莫扎特的《旋律》对应的街景立面图

20 世纪 90 年代前,我国很多城市街景的处理表现千篇一律,单调刻板,呈"夹道式""一层皮"的布置十分普遍。为此有学者提出了富有积极意义的街景处理"五不同"的观点,即不同体型的组合,不同层数的搭配,不同色彩的对比,不同材料的运用,不同细节的处理。这对于丰富街景、增加街道空间纵深感的确能起到积极的作用。

然而,现在这种"夹道式"或"一层皮"的街景处理在为数较多的城市依然存在。这种布置方式就是将立面变化不多的建筑一律临街而建,当街面不宽而且建筑高度与密度较大时,街道空间在两侧建筑的压迫下形似一条夹道,而使街景缺乏景深和层次,成为"一层皮"。

因此,在街景处理上,适当加大建筑间空隙,后退红线,高低搭配,逐层退台是很有必要的。关于这个问题,风水说的观点与我们规划设计原理是一致的。风水说认为确定道路红线是必要的,但不足的是,因为红线无法限定"占天不占地"的建筑形式,所以它提出了应实施红面角制,即将道路红线引向空中,形成一个红面。而这个红面不一定垂直于地面,应该有角度的倾向道路(图 4.227)。角度大小随街道空间中的街宽和屋高的需求在规划中加以确定。但街道两侧的建筑越高,其后退距离也越大。这样即可形成不同建筑线,避免了建筑对街道的一字排压,使街道空间得到改善,有助于丰富街景。

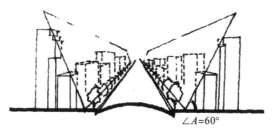

图 4.227 道路红面角示意图

三、构筑物与环境小品

1. 桥梁、电视塔等主要构筑物

构筑物是工程结构物的总称，这里是指桥梁、水塔、电视塔、护堤等，它们曾经在城市景观中成为消极因素，因为人们很少注意它们的形象处理。如在许多城市中，桥梁设计往往只要求其可供通行的功能，而忽视它在城市空间中的作用。其实，桥梁、电视塔一般因体量较大，在视觉上给人印象较深，它们往往会成为所在空间的构图中心，不但对空间组织有很重要影响，而且还能成为城市或地域的标志，应该是城市景观设计中不可忽视的一部分。

桥梁与道路一样，不但有交通的主要功能作用，还有美学、景观等多功能作用。在我国古代城镇就有许多著名桥，图 4.228 中为靖江市按历史上宋代原样修复的桥；有苏州、绍兴的一些桥梁，不仅造型优美而与城市环境相协调，有的还成为城市空间中的主题。而城市现代修建的一些桥梁，同样也是很美的，图 4.228 中的南京长江大桥，造型十分优美，不但为市容增添了光彩，成为城市的重要景点，而且成为南京城的象征；延安市延河上的双曲拱桥和背景山的宝塔山，已成为革命圣地的象征。跨河大桥成为街道的对景；上海杨浦大桥为城市整体景观增添了浓重的一笔；旧金山的金门大桥，悬索结构的大弧线十分优美，也成了城市的象征。

天津市在 2002 年 1 月为海防公路修建了一座水上桥梁，这条公路基本上是沿渤海湾沿岸延伸，中途需要跨过海河，它的作用是连接南北沿岸，促进海河以南地区的经济发展。但在此以前的公路要在海河以北向东绕行，至海门大桥过河后，再抵达南岸，长期以来经济损失较大。于是后来准备修建海底隧道穿过，但考虑这一带的景观效果，最后决定从海河上架一座斜拉桥，既满足交通联系，也为城市增添一景(图 4.229)。

现代城市桥梁景观

靖江思岳桥

南京长江大桥   延河双曲拱桥

苏州单孔拱桥   绍兴南宋时代八字桥

跨河大桥成为街道对景   杨浦大桥   金门大桥

图 4.228 桥梁的功能与景观作用

图 4.229 天津公路里程图局部与塘沽交通图

　　城市中的桥梁，不仅指架于江河、溪流上的水桥，也有旱桥，包括山地城市中的旱桥、高架人行天桥、公路和铁路立交桥等。城市中的各种桥梁多由不同材料、不同结构构筑，姿态各异，可充分利用它们，使得它们成为城市中不可多得的重要景观元素和景点（图4.230）。

图 4.230　城市中的各种桥梁

　　如威尼斯有一座"玻璃桥"，长70米，晶莹剔透，在水城400多座桥梁中独具一格，成为当地一景（图4.231）。

　　日本爱知县建造了"音乐桥"，行人过桥时，依次敲打栏杆上的柱子，它会为你演奏出一支完整的乐曲，一侧是日本民谣《在桥上》，另一侧是日本民歌《故乡》，真可谓"桥上取乐，乐在其中"（图4.232）。

图 4.231　威尼斯玻璃桥　　　　　　　图 4.232　日本爱知县音乐桥

　　桥梁设计首先要满足它的交通功能，注意与周围景物产生联系，与建筑、绿化、照明等巧妙结合。利用桥梁的架空、悬挑等大跨度所形成的开敞、遮挡较少的特点，使人的视线通过俯视、仰视、平视等各种方式，创造出多维的景观效果(图 4.233)。并可根据需要在桥上设置观景台，增加人们观赏市容的机会。

a.桥梁与滨河绿带的结合　　　　　　　　　b.重庆长江大桥的桥头花坛和观景点

c.桥上设置观景平台　　　　　　　　d.桥梁与建筑结合（白天与夜晚）

e.轮廓照明突出了桥梁形象

图 4.233　桥梁设计的景观效果

a.桥梁与滨河绿带的结合；b.重庆长江大桥的桥头花坛，从对面俯视，效果极佳，在桥头两侧各设置一个观景点，为欣赏对面的山景提供了开阔的视野；c.桥上设置观景平台，可美化桥身曲线，增加趣味性；d.利用桥梁的通透、开敞，将桥梁与建筑结合起来，使景观富有层次，近处是桥，远处是高层建筑(白天和黑夜)；e.入夜后，利用轮廓照明可以将桥体优美的轮廓线完整的展现出来，突出桥梁形象，美化城市夜景观。

　　由此可见，桥梁设计得好的话，的确会为城市景观增光添彩。

　　图 4.234 为一座跨河桥梁的设计，是对德国科隆市的塞弗林桥所做的几种不同方案，

图 4.234a、b、c 是初步确定的三种方案,然而在最后定案时均未采用。因为在分析、确定方案时,充分考虑了桥身造型和城市景观的关系,得出这样一个结论:"三个方案在经济上、技术上是完全可行的,但考虑到桥位左岸高耸着著名的科隆教堂的美丽尖塔,它是一座哥特式建筑的代表。因此,这三个方案在桥梁的景观设计上都存在缺点。主要是担心桥梁若是按设计的形式一经建成,教堂的美丽景观将被遮挡,甚至消失,这有损于科隆市的景观。"于是,又产生了一个新的方案(图 4.234d):采用普通悬索桥的一半的造型,仅在右岸一侧设置主塔,而在左岸一侧用薄梁跨越内港并顺沿着街道逐渐从视线中消失。这样一来,左侧教堂的尖塔和右侧悬索桥的主塔就能高耸并立,既显得对称而和谐,又不使教堂和城市形象受损。最后考虑到力学和经济性的因素,将这一方案改为斜拉桥方案(图 4.234e)。也就是说,最后采用不对称的斜拉桥方案,完美地解决了城市景观与桥梁造型的矛盾。

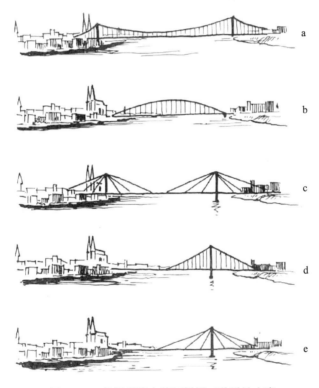

图 4.234　德国科隆市跨河桥梁三种设计方案

　　我们不仅可从城市宏观的角度认识桥梁的造景作用,我们也可从微观的角度,比如花园、游园、广场、公园等这样一些较小的空间来设计桥梁景观,这些小空间的桥常常为园桥或景桥。

　　这类桥在园林中不仅是路在水上的延伸,而且还参与组织游览路线,也是水面重要的风景点,往往自成一景。图 4.235 为云南丽江云龙山和玉泉公园,山林桥阁倒影辉,湖面上下对景奇,名不虚传惊世美,好一幅"物我相应,谐和共生"图。

图 4.235　云南玉泉公园亭景观

园桥常见有以下形式结构(图 4.236)：

(1)平桥。简朴素雅，紧贴水面，便于观赏水中倒影。

(2)曲桥(折桥)。曲折起伏多姿，为游人提供了不同角度的观赏点，桥本身又为水面增加了景致。

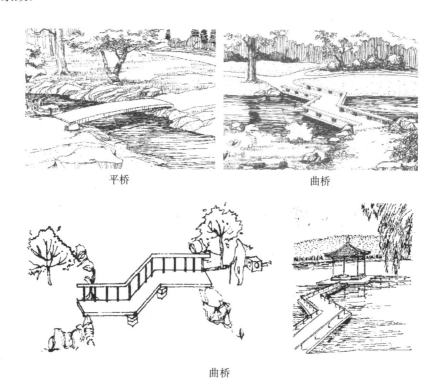

平桥   曲桥

曲桥

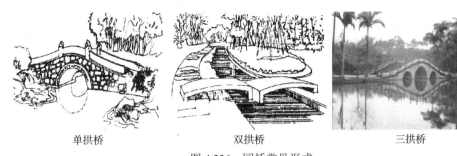

单拱桥　　　　　　　　双拱桥　　　　　　　　三拱桥

图 4.236　园桥常见形式

（3）拱桥。多置于大水面，曲线优美圆润富有动感，既丰富了水面的立体景观，又便于桥下通船。

（4）屋桥（亭桥、廊桥）。以石桥为基础在其上建有亭、廊等，亦称亭桥、廊桥。其功能除了一般桥的交通和造景外，还可供人休憩（图 4.237）。

图 4.237　扬州瘦西湖五亭桥

（5）汀步（跳桥）。置于水中的步石，又叫步汀。它是将几块石块平落在水中，供人蹑步而行。由于石块之间往往不相连，所以又叫跳桥。多采用天然的岩块，如花岗岩、凝灰岩等筑成，易风化的砂岩不宜使用，也可用各种美丽的人工石。步石表面要平，忌上凸和凹槽，以防滑倒或积水。

汀石布石的间距，应考虑人的步幅，中国成年人步幅一般为 56～60 厘米，石块间距可为 8～15 厘米；石块不宜过小，一般在 40 厘米×40 厘米以上。汀步石面应高出水面 6～10 厘米为好。置石的长边应与前进方向相垂直，这样可以给人一种稳定感。步石的安置应能表现出韵律变化，使其具有生机和活跃感。常见的有圆墩汀步、荷叶汀步、多边形汀步、圆形汀步等（图 4.238）。

除此之外，还有吊桥、藤圈桥、步级桥、高架桥、孔桥等（图 4.239）。

园林中的景桥设计主要考虑几方面因素：景观、水面、沟壑、交通、建筑、环境（图 4.240）。

在设计时，景桥在满足交通功能的同时，本身也是一个景点，又是一种建筑，它需要融入环境之中。因此其设计原则是：①尺度——烘托环境；②造型——生于环境；③色彩——溶于环境；④比例——适宜环境（即宜小宜轻）。

另外，除了桥梁以外，电视塔在城市空间的构图中也越来越重要，而城市中的大型水塔，发电厂的冷却塔、烟囱等也可以通过景观设计给人美感。

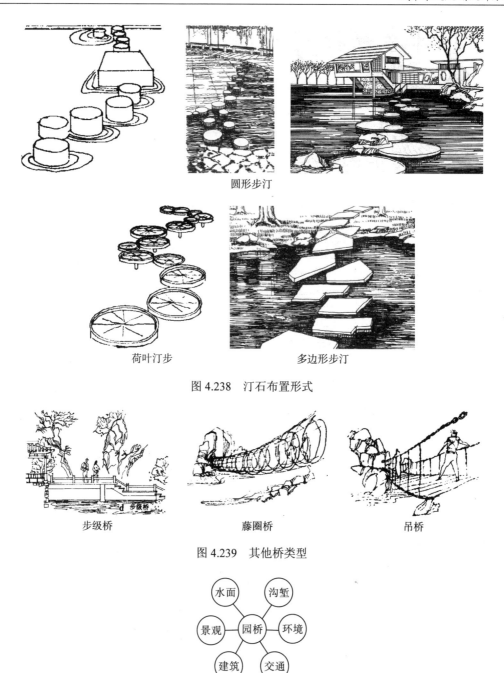

圆形步汀

荷叶汀步　　　　　　多边形步汀

图 4.238　汀石布置形式

步级桥　　　　　　藤圈桥　　　　　　吊桥

图 4.239　其他桥类型

图 4.240　园桥主要设计因素

　　高塔曾经是中国城市景色构图的中心，现代的电视塔和大型水塔正在取代它们而成为今天城市的构图中心。如科威特首都科威特市的水塔一高一低，其造型来源于伊斯兰清真寺，已成为城市标志(图 4.241)；横滨的旧市中心，十分拥挤，而且缺乏绿化。为此建造电视塔时，在海滨开辟了一条宽广的绿带，电视塔就在绿带中央。建成后，该电视塔成为全市总平面中的构图中心，并由于其高大形态，也成为全市空间构图的中心(图 4.242 和图 4.243)。

图 4.241　科威特水塔

图 4.242　横滨电视塔

图 4.243　横滨电视塔及沿海绿地

　　图 4.244 是一座城市的电站从不同角度作的规划方案,左图是依其功能所规划的方案;中图是以序列景观方式布局的方案。人们按下图方案对电站进行了改建,这样便使冷却塔从纯粹功能性的构筑物改造成为别致的景观,远远望去,在平坦的城市景观中,高耸的冷却塔平添了几分诗意。

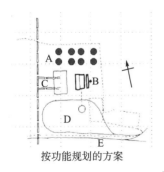

按功能规划的方案

以序列景观方式布局的方案

电站景观

图 4.244　某城市电站冷却塔规划景观

　　图 4.245 为加拿大多伦多的电视塔,它是其所在城市的地标;图 4.246 为江苏泰州市电视发射塔,高 218 米,集信号发送与接收,以及观光旅游等功能于一体,是城市标志性建筑之一,其形态类似埃菲尔铁塔。

夜晚的电视塔可作为欣赏城市景观的高视点，烟囱经过灯光的润色以后，同样也能成为夜间的景观元素（图 4.247）。

图 4.245　加拿大多伦多电视塔

图 4.246　泰州市电视塔与巴黎埃菲尔铁塔　　图 4.247　灯光润色后的烟囱

2. 环境小品

环境小品包括斜坡、台阶、堡坎、驳岸等，它们常常配合场地设计、建筑物、构筑物、道路、绿化、水体等综合形成优美的城市景观，同时也是美化市容重要的元素和措施。

城市环境分内（室内）环境和外（室外）环境。我们讨论的主要是外环境。

城市环境小品内容广泛，种类繁多，可以说除了建筑以外，包括了所有人工的公共环境设施，是城市室外空间的主要内容之一。它除了满足人们对室外活动的多种需求，还对城市的环境、景观的形成起着重要的作用。

1）分类

环境小品内容丰富，题材广泛，且数量众多，一般可分为以下几类。

（1）建筑小品：休息亭、廊、书报亭、钟塔、售货亭、商品陈列窗、小桥以及出入门口。

（2）装饰小品：雕塑、水池、喷泉、叠石、壁画、花坛、花盆等。

（3）公共设施小品：路名牌、废物箱、烟灰筒、标志牌、广告牌、饮水台、公共厕所、电话亭、灯柱、灯具、邮筒、公交车候车棚、自行车棚等。

(4)游憩设施小品：戏水池、沙坑、座椅、游戏器械等。

(5)工程设施小品：护坡、台阶、挡土墙、道路缘石、围墙、栏杆等。

(6)铺地：车行道、步行道、停车场、广场等。

2)设计基本要求

(1)整体性：要符合城市景观设计的整体要求以及总的设计构思。

(2)实用性：要能满足大众的使用要求。

(3)艺术性：要达到美观的要求

(4)趣味性：要有一定的生活情趣。特别是一些儿童游戏器械，要适应儿童的心理。

(5)地方性：指造型、色彩、图案以及材质要富有地方特色或文化传统文化。

3)亭

亭在园林中比较常见，并常作为风景构图的主体，因此，了解它的艺术造型、结构特征等对其他建筑小品设计可有触类旁通的作用。

(1)亭的功能。亭是建筑中最基本的建筑单元，主要为满足人们在活动之中的休憩、停歇、纳凉、避雨、极目眺望之需；且它本身也是城市景物之一，常成为一定空间范围的构图中心。

总体上看，亭的体量小巧，富于神韵，精致多彩，变化多姿(图 4.248)。通常分为南式亭和北式亭，它们在形象上有较大的差异，如图 4.249 和表 4.1 所示。

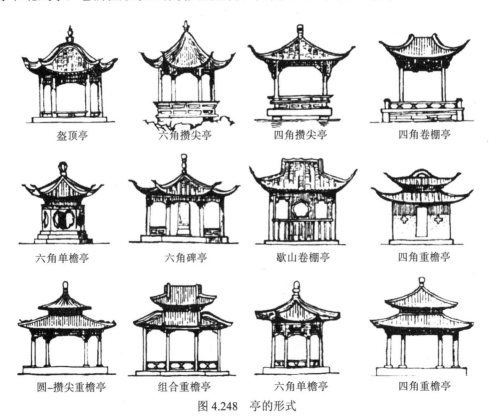

盔顶亭	六角攒尖亭	四角攒尖亭	四角卷棚亭
六角单檐亭	六角碑亭	歇山卷棚亭	四角重檐亭
圆-攒尖重檐亭	组合重檐亭	六角单檐亭	四角重檐亭

图 4.248　亭的形式

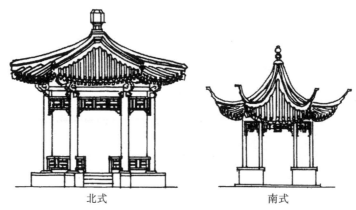

北式　　　　　　　　　　　　　南式

图 4.249　南式亭与北式亭

表 4.1　南北亭的特征

	北式亭	南式亭
风格	雄浑、粗壮、端庄，一般体量较大，具有北方之雄	俊秀、轻巧、活泼，一般体量较小，具有南方之秀
造型	持重、屋顶略陡，屋面坡度不大，屋脊曲线平缓，屋角起翘不高，柱粗	轻盈、屋顶陡峭，屋面坡度较大，屋脊曲线弯曲，屋角起翘高，柱较粗
色彩、装饰	色彩艳丽、浓烈，对比强，装饰华丽，用琉璃瓦，常施彩画	色彩素雅、古朴，调和统一，装饰精巧，常用青瓦，不施彩画

（2）亭的平面形式。正多边形——平面长宽比为 1：1，面宽一般为 3～4 米；不等边形——长方形，平面长宽比多接近黄金分割 1：1.6。图 4.250 表现了不同的亭的平面形式。

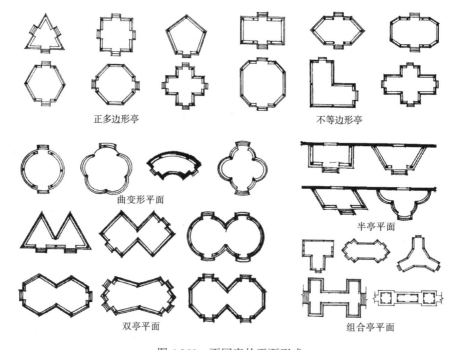

正多边形亭　　　　　　　　　不等边形亭

曲变形平面　　　　　　　　　半亭平面

双亭平面　　　　　　　　　组合亭平面

图 4.250　不同亭的平面形式

(3)亭的材料与构造。我国传统亭最重视就是就地取材，一般有木亭、石亭、竹亭、草亭及铜亭等。近现代开始采用钢筋混凝土、玻璃钢等材料建造仿古亭。

亭顶构架做法通常有伞法和大梁法。

伞法(攒尖顶做法)——模拟伞的结构模式，不用梁而用斜戗及枋组成亭的攒顶架子，边缘靠柱支撑，即由老戗支撑灯心木(雷公柱)。而亭顶自重形成了向四周作用的横向推力，它将由檐口处一圈檐梁(枋)和柱组成的排架来承担。但这种结构整体刚度较差，一般多用于亭顶较小、自重较轻的小亭、草亭或单檐攒尖亭。有时也在亭顶内的上部增加一圈拉结圈梁，以减小推力，增加亭的刚度(图4.251)。

大梁法——一般亭顶构架用对穿的一字梁，上架立灯心柱即可。较大的亭则用两根平行大梁或相交的十字梁，来共同分担荷载(图4.252)。

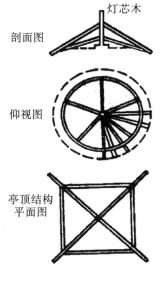

图4.251 攒尖顶做法

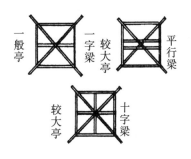

图4.252 大梁法做法

4)凉亭、棚架

凉亭一词源自意大利语的"葡萄架"。凉亭、棚架皆为采用盘结藤萝、葡萄等蔓生植物的结构的庇荫设施，同时也是作为外部空间的通道使用。

棚架一般采用圆木做梁柱，竹料做檩条。现在园林设计则多采用仿木混凝土、仿竹塑料檩条，以提高棚架的耐久性；凉亭的材料多使用木材、混凝土、钢材等做梁柱，檩条则用木材或钢材。

设计时其形式、尺寸、色彩等都应与所在公园、广场、小区相适应和协调。

凉亭标准尺寸：高2.2~3米，宽3~5米，长5~11米，檩条间隔多为30~50厘米。

棚架标准尺寸：高2.2~2.5米，宽3~5米，长度5~11米，立柱间隔为2.4~2.7米。

因凉亭、棚架下会形成树阴，因此不宜种植草皮。

现在，许多建筑材料企业都可以生产不同形式和规格的凉亭成品供选用。

亭、廊、架等建筑小品在许多场所运用较为普遍，因此在设计时不仅应注意继承古朴典雅，同时还应注意在继承的基础上立意创新，使其又能表现一定的时代感。比如运用"加-加、减-减、联-联、改-改、扩-扩、变-变、反-反"的符号变化，采用现代技术和现代建筑材料有机结合的手法，再加上必要的组合构成与排列，就可以设计出一系列个性独特、功能各异的创新小品来装点城市空间(图 4.253)。

混凝土与木材搭建的凉亭

混凝土凉亭

竹木棚架

成品凉亭

柱廊棚架

金属花棚架

凉亭

图 4.253　凉亭与棚架

5)垃圾箱(筒)

随着现代城市的发展，"垃圾回收""垃圾分类收集""把垃圾带走"等环境保护措施在国际社会上不断地实施与推广，布设垃圾箱的场所逐渐增多，特别是在公园里。

垃圾箱一般分独立可移式和固定式两种。制作材料种类齐全，有钢材、铁材、木材、石材、混凝土、陶瓷等各种成品。无论是在造型上，还是材质、色彩和规格上，可谓丰富多彩。选用时要注意与周围景观协调(图 4.254)。

居住区垃圾站

为建筑用的垃圾站

带屋顶的垃圾站

存放垃圾桶的垃圾站

垃圾回收集装箱

居住区内的垃圾站

图 4.254　垃圾箱（筒）的不同形式

　　普通垃圾筒的规格一般：高 60～80 厘米，宽 50～60 厘米，垃圾筒宽度明显要小，但放在车站，广场上的垃圾箱体量较大，一般高 90～100 厘米。

　　部分外观设计讲究的垃圾箱，可在里面内侧放置金属篓，即双层结构，这样既卫生又不失美观。随着现代科技发展，更有一些垃圾箱装有感应器，若人们将垃圾投入箱内感应器便因而启动播音器，播出一则故事、笑话或音乐等，其内容每周还会更换一次。所以人们都愿意自觉地将垃圾废物投入这种垃圾箱内。而在居住区内大都设置了垃圾筒和垃圾站。

　　6）用水器（台）

　　用水器（台）包括饮水台、洗手台、洗水果台和洗脚池等。它们既是满足人们的生理需要、讲究卫生而不可缺少的街道设施，同时也是街道的重要装点。尤其在公园、广场、商业街区等公共场所必不可少。

　　用水台的出水方式有长流型和即用即放型两种。制作材料一般为陶瓷、不锈钢、铸铁、铸铝、石料（花岗石、天然石等）、混凝土（混凝土抹面、水磨人造石等）（图 4.255）。

水井似的洗手台

水上游乐场中的饮泉

坐轮椅使用饮泉

带排水槽的饮泉　　　　　　　欧式铸铁饮泉　　　　　　　　花岗岩饮泉成品

图 4.255　用水台形式

用水台在结构上，最好采用饮水和洗手台兼用形式。一般高度为 80 厘米，供儿童使用高度在 65 厘米左右，较高的为 100～110 厘米，此时可考虑为儿童使用设置 10～20 厘米高的踏台。同时还应为坐轮椅的人们考虑使用的方便。随着现代城市的发展，现在也有了美化景观的花坛形式的用水器。

7) 儿童游乐设施

儿童游乐设施主要包括供儿童游玩、嬉戏的场所与设施，如游乐场中的沙坑、滑梯、秋千、跷跷板、攀登架等。

儿童游乐的场地应选择在环境较安静、清新、卫生的地方，并与交通要道保持一定距离，使之具有安全感。另外，从安全防范的角度出发。游乐场四周还应有一定的开阔性，便于陪伴儿童的成人从周围进行目光监护。同时还应该注意尽量减少儿童嬉戏时产生的嘈杂声对周围环境的影响。

沙坑、秋千与滑梯被并称为儿童游乐设施中的"三件宝"，利用率很高(图 4.256)。

沙坑对于幼儿和儿童而言，既是一个与大地亲密接触的场所，也是一个有助于提高创造意识、体验群体活动的场所，是儿童游乐场中必不可少的设施。

一般规模的沙坑面积约 8 平方米左右，可同时容纳 4～5 个孩子玩耍。标准坑深 40～45 厘米，四周可砌高 10～15 厘米的路缘，以防沙土流失或地面雨水灌入(图 4.257)。

沙坑应配置经过冲洗的精致细沙。但因沙坑极易成为猫、狗等的排泄场所，所以沙坑应设置在有日照的地方，使之常可得到紫外线消毒。

图 4.256　绘有动物图案的沙坑围墙及滑梯　　　　图 4.257　有木制路缘的小沙坑

滑梯是一种结合了攀登、下滑两种运动方式的游戏器械，在游乐场所有设施器械中利用率最高，它可以促进儿童的全身心发育，是仅次于沙坑的游乐场中不可缺少的设施。主要由滑板、平台、攀登梯架等三部分组成。

普通的滑梯、滑板的标准倾角为 $30°\sim35°$，滑板宽 40 厘米左右，两侧立缘高 18 厘米左右；休息平台四周应设置约 80 厘米高的坚固防护栏杆，以防儿童坠落。攀登梯架的倾角一般约为 $70°$，宽度约 40 厘米，踢板高 20 厘米，踏板宽 6 厘米，双侧设扶手栏杆（图 4.258）。

安装在煤渣路面上的滑梯　　　章鱼造型的滑梯　　　设置在沙坑内的组合式滑梯

图 4.258　滑梯的形式与材质

滑板材料一般选用不锈钢、人造水磨石、玻璃纤维增强塑料等，但因不锈钢材料会因太阳的炙烤而发烫，所以不太常见。

秋千，一般分为幼儿用板凳式和座椅式的安全型秋千以及大龄儿童使用的普通型秋千。材料有铁制、木制、轮胎等。

一般秋千设计尺寸：二座式，宽约 2.6 米，长约 3.5 米，高 2.5 米；四座式，宽约 2.6 米，长约 6.7 米，高 2.5 米。

踏板距地面 35～45 厘米。设计的幼儿园安全型秋千，应避免幼儿钻入踏板下，所以一般的踏板高度为 25 厘米（图 4.259）。

设置秋千时，应考虑其秋千的摇摆、飞荡幅度。在空间上注意与其他设施的合理关系，注意安全。

除了设置儿童游乐设施之外，还应有供青年人活动的设施以及老年人的健康设施。如网球场、棒球场、羽毛球场、门球场、摆荡架健身器材等。体育场地往往要求较高，但供老人使用的健身设施就较为简单，占地不大，形式也较灵活多样，只要保证安全，有一定的强身健体以及娱乐的作用即可。

秋千　　　大型综合游乐设施　　　梯、沙坑与攀登架结合的组合器械

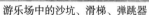

游乐场中的沙坑、滑梯、弹跳器　　山洞、滑梯、爬架、沙坑　　　钢管制成的游戏器械

图 4.259　沙坑、滑梯、秋千等游乐设施

无论是小孩、年轻人或老年人，当他们在利用各种设施玩耍或活动时，本身就是一种人文综合的城市景观。

8) 旗杆

旗杆具有装点环境、围合与划分空间、显示建筑物性质或地位等作用。它通常布设在政府大楼前、国际饭店前、中心广场上以及其他一些大型公共建筑前。其数量视设置的地点而异。普通企业、厂区、写字楼等建筑前一般设置 2～3 杆；国际饭店、政府大楼前一般设置的数量要多一些。一般旗杆的设置较为灵活(图 4.260)。

旗杆的杆高标准与间隔也不同，杆高通常为 5～12 米。5～6 米高的旗杆，其间隔为1.5 米左右；7～8 米高的旗杆，其间隔为 1.8 米左右；大于 9 米的高旗杆，其间隔为 2 米左右。

南京鼓楼广场中的国旗广场　　　　　纽约洛克菲勒下沉式广场边的旗杆

美国纽约州某广场水池边的旗杆

天津文化街广场上的宫前旗杆

图 4.260　广场上的旗杆

另外，不同的场地内部，旗杆的间距也有所不同。主要视场地空间的大小而定，但一般是在 1.5～3 米。

旗杆的制作材料以铝材为主。旗杆的混凝土基座应采用花砖铺面或采用降低基座施以绿化的设计处理（图 4.261）。

图 4.261　饭店、办公楼前的旗杆（均施以花砖饰面和绿化处理）

总之，旗杆的布置和高度设计，应根据环境整体规划，结合建筑物的尺度，以及与道路的关系来加以确定。

现代城市中对环境小品的利用，种类繁多，还有如雕塑、座椅、水体、铺地等，都需要我们根据其场所需要与景观要求去规划设计。

3. 景观小品设施具体的设计原则

我们主要从城市景观设计的角度认识小品设施具体的设计原则。

1）取其特色

各类景观小品一般功能较单一简明，但造型的要求都比较具体。在设计构思时，应首先立足于需要体现的内容及其本质，提取能反映本质特色的形象或符号，通过设计手段予以具体化。

例如，幼儿园中的游泳池（戏水池）设计时可以配合设置滑梯，而滑梯则可以利用动物的形象造型，如大象长长的鼻子，天鹅长长的脖子，长颈鹿长长的颈子等。

2)顺其自然

对景观小品的设计应因时、因地制宜，不要牵强，讲究自然。其创作可以以民间的传统、传说为题材，还可以取材于自然，甚至模仿天然的形态，进行形式美的加工以保持它们近人的风格(图4.262)。

当地的石材可以做铺地、挡土墙，还可以做警示牌。一些城郊公园就用当地板材加工成一片树叶形，上面写上警句，告诉人们"绿色是我们的生命"，提醒人们自觉爱护花草、树木。也可以在园林中采用自然圆木做成指示牌，给人以返璞归真之感。

另外，我们也常在许多供人休憩的绿化场地中见到由水泥、混凝土制作的蘑菇坐凳、树桩坐凳、垃圾箱等小品，这样既容易与环境取得协调，也迎合了人们热爱自然的心理。

3)立其意境

小品设计的构思，同样需要立意，以一种表而不露、隐而不显的感染力，把想要表现的内容，通过一定的造型、图案和空间组合巧妙地表现出来。

图4.263是某植物园门口标志牌的设计，它的立意很简单，造型也十分简洁，四周不用任何遮掩或陪衬，只为了突出这个空间中牌示这一主体。

图4.262　古朴的牌示与园门　　　　　　　　图4.263　简洁牌示突出主体

4)比例适度

各种外环境小品设施的尺寸常比室内稍大。但也要注意"精在体宜"，要与所在的空间环境尺度配合，注意各部分之间的尺度关系，使它们的大小、疏密在比较中显得适度。

5)巧其点缀

设计上要善于取舍，不可随意拼凑堆砌，特别是各种小品的设施更应作为艺术欣赏品，在一定的空间环境中起到良好的点缀和陪衬作用。

第五章 城市景观规划设计要点

第一节 城市景观总体设计要点

城市景观总体规划设计主要是从城市总体上出发，注重视觉对城市视野、入口、周围环境、障碍物、绿地、水体等景象的考虑。此外对生态方面也要予以充分重视，并考虑城市的整体风貌和不同区段的视觉特征等。

一、城市轮廓线控制

有人认为城市的轮廓线"是城市生命的体现，是潜在的艺术形象"。它的最大魅力在于建筑顶部间和谐的配置构成的近似音乐般的节奏和韵律。城市的轮廓线不仅能反映出城市的总体形象，给人以完美的形象概念，也能显示出城市建筑的个性。

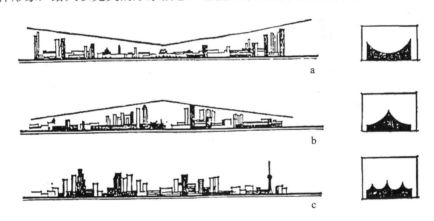

图 5.1 城市轮廓线比较

图 5.1a 为北京市中间低四周高的凹形轮廓线，它全面地保留着历史核心建筑群的精华，鲜明地显示出历史名城的景观特色；图 5.1b 为天津市中间高周围低的轮廓线，中心地区构成"冠"的构图中心式的轮廓线；而图 5.1c 是上海市高层建筑交叉布置形成的高低起伏多变的轮廓线。后两者都显示出商业性和生产性城市的特色。

除城市的主轮廓线外，城市各水、陆、空主要入城口岸的轮廓线对城市景观的影响也很大，常给人以第一印象，为人们提供最大的信息与感受。如上海，由水路进入口岸时，外滩的轮廓线最富有特色，它高低起伏，抑扬顿挫，利用开阔的黄浦江的水平线条与外滩的建筑物构成一幅富有特色的画面，是人们长期以来认定的主要的城市标志之一（图 5.2）。美国纽约的曼哈顿南端也是水上入城口岸，这里优美的轮廓线也是世界公认的

（图 5.3）。

我们知道，城市轮廓线主要是由建筑物来体现，尤其是由高层建筑影响。因此，设计中必须注意高层建筑布置对城市轮廓线的影响。

图 5.2　上海外滩轮廓线

图 5.3　曼哈顿轮廓线

1. 注意高层建筑布置对城市轮廓线的影响

（1）高层建筑聚集在一起布置，可以形成城市的"冠"。但为了避免相互干扰，形成互相竞争和攀比的局面，可以采用一系列不同的建筑高度布置，如纽约曼哈顿（图 5.4b和图 5.5a）；或者虽然采用相仿的高度建筑，但彼此间距适当，组成较松散的构图，如悉尼中心区，如图 5.4a 和图 5.5b 所示。

（2）若高层建筑彼此之间毫无关系，随处随地而起，过分松散，不存在向心的凝聚感，则不会产生令人满意的和谐的整体，如图 5.4c 和图 5.5c 的石家庄布局。

（3）高层建筑的顶部应不雷同或少雷同，因为这会极大地影响轮廓线的优美感，如图 5.4d 和图 5.5d 所示。

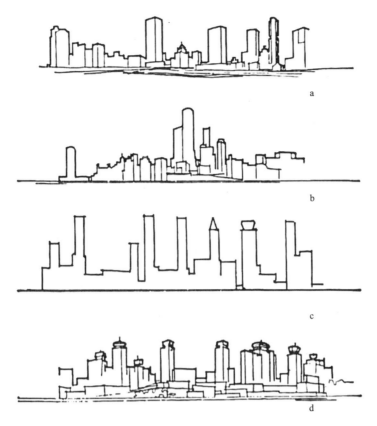

图 5.4　高层建筑布置对城市轮廓线的影响

a.纽约曼哈顿岛南部海岸

b.悉尼中心区远眺

c.石家庄布局

d.雷同的轮廓线

图 5.5　部分城市轮廓线

2. 重视地形对轮廓线的影响

平原城市的天际线主要靠建筑物构成，如图 5.6a 所示；但山、坡地城市的轮廓线在很大程度上受地形的影响，如图 5.6b 所示。

山顶上挺拔的建筑可加强山的形态，并保护景观；但山上若安排大量建筑则会阻断自然景观，破坏城市特征，如图 5.7 所示。

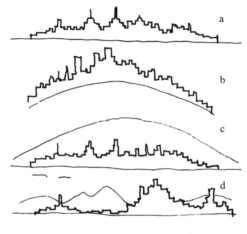

图 5.6　天际线与地形的关系

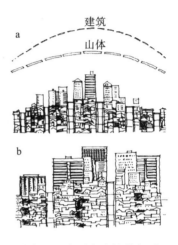

图 5.7　山顶上建筑的布置

因此，处理建筑轮廓线与山体轮廓线的关系通常做以下考虑。

(1)建筑轮廓线低于山体轮廓线为最佳，如图 5.6c 所示。从图 5.8 中我们注意到，远山构成城市的天际线和背景，在这条起伏的曲线上，城市本身的外轮廓线也应该是高低错落有致的相互呼应，从而取得轮廓线的协调，否则也会使得建筑与山体发生冲突。图 5.9 中虽然山体轮廓高于城市建筑轮廓线，但建筑轮廓本身毫无生气且相互之间冲突，原因是建筑较高，以及建筑本身无起伏，呈一平淡呆板的直线将山体横切。图 5.10 中奥地利的萨尔斯堡的城堡线与山体线具有较为和谐的关系；图 5.11 和图 5.12 也凸显了城市轮廓线的优美。

图 5.8　澳大利亚堪培拉远山为背景

图 5.9　山体与建筑冲突的轮廓线

图 5.10　奥地利的萨尔斯堡　　　图 5.11　温哥华地标建筑与山体　　　图 5.12　洛杉矶圣格布瑞尔山

　　(2)建筑轮廓与山体轮廓交叉起伏良好。即二者形成互补的天际线(图 5.6d),如图 5.13 武汉大学的建筑与珞珈山构成的轮廓线。

　　(3)建筑轮廓线高于山体轮廓线为不理想。图 5.14 为某大学远景轮廓。校园主要集中在山顶,建筑高度几乎一致,轮廓线则较单调、乏味。但如果能在建筑群中安排少量高建筑物,即可使轮廓线有起伏变化,打破单调感,还能起到加强山势的作用。但必须注意,因为当大体量建筑作为小体量建筑的背景时,或作为轮廓线的主体时,往往会产生破坏性效果。高建筑的体量不能太大,最好为细长瘦体。如图 5.15 所示,为建筑体量的变化前后效果。

图 5.13　武汉大学的建筑与珞珈山线　　　　　图 5.14　某大学远景轮廓单调乏味

图 5.15　对高层建筑尺度的控制

　　(4)最忌讳的是建筑轮廓线与山体轮廓线近似或接近同高。但对于山城来说,其轮廓线往往是山形与建筑的叠加,图 5.16 为重庆市的城市轮廓线。有时为了充分利用山形突出中心建筑,可在山顶建立高耸巍峨的主体建筑。如古希腊雅典的卫城、西藏拉萨的布达拉宫(图 5.17 和图 5.18)。

图 5.16　重庆市中区轮廓线

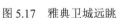

图 5.17　雅典卫城远眺

图 5.18　西藏布达拉宫

二、建筑高度分区

　　高层建筑是适应社会需求、经济发展和用地紧张的必然产物。它虽有投资大、周期长、技术复杂等特点，但在节约土地、提高使用效率、增加经济效益、突出自身形象等方面也有一定优势。处理好高层建筑与城市的关系，可以达到改善空间环境，合理利用土地资源，丰富景观的效果，更好体现城市整体形象的目的。因此，对建筑高度分区，即进行高度控制规划，在城市设计中的作用十分明显。

　　为使城市具有合理完整的空间结构，为城市优美的轮廓线的建立奠定基础，并为城市主要的景观视线走廊的保护创造条件。在城市景观总体设计时，常根据城市的性质、规模以及周围的自然环境等条件，对城区建筑进行高度分区。在设计时，总体上考虑以下几方面。

1. 根据建筑所在的位置、性质和地形条件考虑其高度

　　高层建筑以其庞大的体量及对人对物的巨大吸纳作用，对城市的局部地区乃至整体都会产生一般建筑所不具备的重大影响。所以高层建筑的选点、布局绝对不能任意定位，要根据城市的总体环境特点，利用高层建筑来加强城市的形体特征。

　　国外城市设计理论认为，每个城市的市中心都应该有一个处于支配地位的构图中心，称之为"冠"（crown）。这个中心可以是单幢的大型建筑，也可以是组合在一起的建筑群。如中国传统城市中的宝塔就是这类构图中心。在山区城市，这个"冠"通常就坐落在城内山丘的顶部（图 5.19），在这个位置上可以布置全市的大型公共建筑，如市行政中心、博物馆或图书馆。而在山坡上则可以建造条形或台阶式建筑，由此反映出"山城"特色。

　　也即是说，今天的城市中心往往会由高层建筑形成中心，形成"冠"。但这时要注意，高层建筑不宜全部集中在市中心，还应该与郊区独立或零星的建筑相呼应，如果再有远山

天际线的配合，将会构成一幅完美的画面（图 5.20）。

图 5.19　山顶设高层建筑

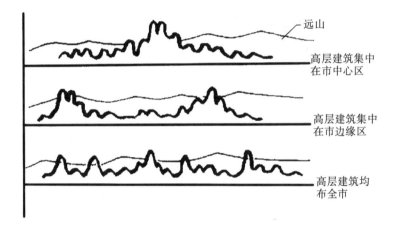

图 5.20　高层建筑分布与城市天际线

图 5.21 是美国底特律市高层建筑的布局图，在突出的口岸处，高层建筑较为集中，构成主体轮廓线；在其他局部地段，由高层建筑形成少量控制点，与中心相呼应，这样的布局无论是俯视、平视还是远观，都能有比较好的景观视觉效果。

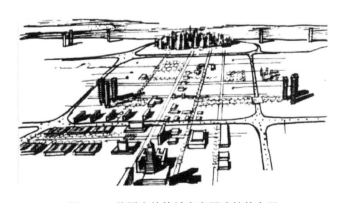

图 5.21　美国底特律城市高层建筑的布局

2.更好地反映出城市空间的景深和层次

在确定建筑高度的时候，一个城市需要表现为由低层到高层的组合，经过低层、中层、高层建筑的合理布置，使城市空间和景观层次增多，景深加大，通常是按前低后高的方式来布置。比如沿海、沿江城市的建筑布置离水边越近，其建筑的高低一般也越低，以造成前边低、后边高的多层次景观。

如图 5.22 所示，位于水边的大体量建筑会破坏人们对海上风光的欣赏。

图 5.22　近水大体量建筑阻挡观海景观

图 5.23 是美国西雅图市由水边向陆地部分的城区建筑高度的控制图，再往后有 200～300 米、300～400 米，甚至个别地方 600～800 米，形成了建筑由水面向陆地逐渐升高的层次变化。

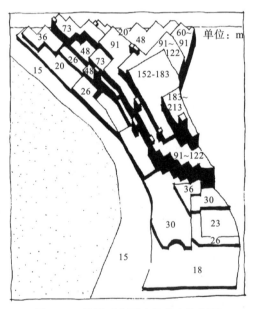

图 5.23　美国西雅图建筑高度控制图

图 5.24 是旧金山市的建筑由低到高的布置。图 5.25 是悉尼市中心区的远眺，从水边往后建筑由低到高的变化，丰富了景观的层次和纵深感。

　　而对于山地城市来说，如果依山就势的布置城市，那么建筑的高度也应该有一个由低地势向高地势逐步增长的趋势。

　　　图 5.24　旧金山市建筑由低到高的布置　　　图 5.25　悉尼中心区建筑由水边向陆地逐渐升高

3. 保护历史文物古迹和城市主要景观视线走廊的通透

　　在遵循以上原则的基础上，就可对城区内的建筑进行高度分区。

　　建筑高度是指主体建筑的高度，即由室外地面到房檐的高度。屋顶上部的电梯间、楼梯间，水箱等附属物，当总面积不超过屋顶面积的 20% 时，不计入建筑的高度内。坡顶房屋高度按檐口和屋脊的平均高度计算。

　　建筑高度具体计算公式：

$$H = Z \times 3 + R + I$$

其中，H 为建筑高度（米）；3 为层高基数（亚热带区）；Z 为层数；R 为裙房层数（每层裙房加 1～2 米）；I 为女儿墙高度。

　　为保持城市景观效果，城市设计需要视线较通透，视野较开阔，轮廓线较优美，且景观要有层次感和深度感，重视建筑高度的分区。

　　图 5.26 为烟台市建筑高度分区图。全区的建筑高度分区共分为四级：一级小于等于14 米，二级为 12～24 米，三级为 20～30 米，四级为 36～80 米。在此基础上，又根据文物和景点保护的要求，将分区分为严格控制区和非严格控制区两类。在非严格控制区内的建筑若特殊需要可局部提高一级。

　　为了能确实控制建筑物的高度和体量，国外很多城市还规定了基底面积与建筑总面积的比例，即建筑面积比——容积率。如芝加哥市控制在 1：16 以下，旧金山市控制在 1：14以下。

　　但是考虑到建筑用地与公共活动场地的矛盾，以及为城市绿地提供良好的日照条件，世界上一些城市，特别是在美国的许多城市，又在上述规定之外附加了一个放宽限制条件的奖励制度，如在基地内留出公共广场，或建筑物的底层透空并向公众开放，或建筑上层向内收缩让阳光照射地面（退台），均按制度奖励一定的建筑面积，也即建筑的高度可适当增加。

　　如图 5.27 和图 5.28 所示，分别为芝加哥的奖励条例图示和西雅图城市设计奖励制度图示。在纽约、旧金山、华盛顿等地也都有相关条例规定，这些规定虽有"空子"可钻，但它毕竟对城市景观和城市环境起了有益的作用。

图 5.26 烟台城市建筑高度分区图

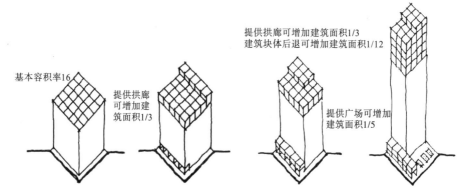

图 5.27 美国芝加哥市 1957 年分区奖励条例图示

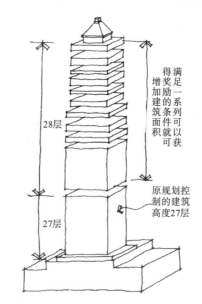

图 5.28 美国西雅图城市设计奖励制度

下面是一组不同城市建筑高度控制下的天际轮廓线(图 5.29)。

a.北京市城市局部地区城市轮廓线

b.加拿大多伦多市天际轮廓线　　　　　　　　　c.澳门城市天际轮廓线

d.石家庄市天际轮廓线　　　　　　　　　e.旧金山市整体景观轮廓线

f.耶路撒冷天际轮廓线

g.费城城市局部天际线

h.慕尼黑市中心天际轮廓线

i.芝加哥市中心天际轮廓线

图 5.29   部分世界城市景观轮廓线

三、景观视线走廊保护

景观视线走廊指人为规定的、保护视线通透的一个空间范围。它也是一种特殊景观视域的保护，其目的是为了保障人与自然、人工等各个景点之间在视觉上的延伸关系。因此，在景观视廊范围内应该是没有任何阻隔或遮挡视线的任何事物。景观视廊可以为条带状，也可以为面状，因此视域是可宽可窄的。

图 5.30 为日本奈良市景观视廊的保护计划示意，当人只能在很小的范围内移动视点观赏景物的时候，形成的景观视廊就是一条带状，而这时视点通常较低（图中 A 眺望点）；当视点处在较高的位置时，由于视野较宽，景观视廊往往是一面状（图中 B 眺望点）。为了让人的视线能够由眺望点观赏到景观对象，那么在景观视线走廊的范围内不能进行有遮挡视线的建设，但在视线以下则可以。

图 5.31 是日本京都市东山景观控制图示。从平面上可以看到，观赏者可以在左侧的一个范围内移动；从剖面上可以看到在这样一个景观视廊面以下才能进行建设，让人的视线最低点至少处在东山的山腰部位，才能观赏较为完整的山体景观。

在这里需要说明一点，视线走廊与视觉走廊在概念上是有所不同的。视线走廊是让人的视线沿某个方向能通透延伸；而视觉走廊曾经在国内研讨不多，但在国外从 20 世纪末就已有较深入的研究，学者们认为，景观视觉走廊是由多种多样的景物组成的一条走廊，也即是景观轴线。从起点景色开始沿着某条走廊（轴线）可以依次欣赏到很多景色，也即是指多个景物构成了视觉走廊。

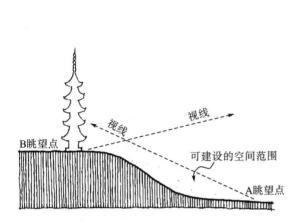

图 5.30　日本奈良市景观保护计划示意图

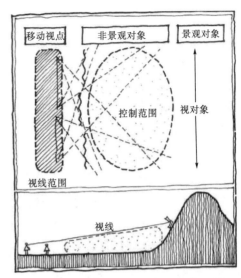

图 5.31　日本京都市东山景观控制图示

从视线走廊与视觉走廊的概念来看，城市的街道既可以作为视线走廊，又是视觉走廊（景观轴线），因为它能让人们在观赏街景的同时视线通透，看到较远处的景色。

在城市中，对这种景观视线走廊（视域）的保护主要是依靠限制建筑物的高度、密度以及布置的位置来实现，以防止城市中某些景物被建筑物遮挡。

因此，在设计中主要考虑以下几方面。

1. 根据各景点、景线的景观等级，合理地确定其观赏范围和最佳视线走廊

城市中的各种景观不可能都是同等重要，肯定会有主要、次要和一般的划分，正如景观轴线也分主次一样。所以，通常需要先把景观分成一级景观、二级景观、三级景观等不同的等级，其中一级景观最为重要。然后，再分别确定这些不同等级景观的观赏范围和视线走廊。当然，越是重要的景点，越是要求它能在更多的点和线上直接被观赏到。

前面曾经讲到芝加哥市在芝加哥河和密歇根湖的两岸采用了不同的水岸处理方法。其中沿芝加哥河两岸集中了大量的建筑，包括不少著名建筑，如两幢多瓣圆形公寓塔楼（图 5.32）、Merchandise 商场、NBC 大厦、西尔斯大厦（图 5.33）等，这里便成为城市主要展示现代建筑群体景观的重要景线。因此，景观规划中将河道作为了一条重要的景观视线廊带。

为了防止视线的遮挡，沿河两岸未种植高大密集的乔木。当人们沿河乘船而行在运动中观赏时，两岸各种不同风格、不同体量的建筑就构成了一幅连续的动态画面，使人能在瞬间感受到由于运动和景观的韵律变化而带来的快感和惊喜。当船驶入密歇根湖后，回眸一望，先前一一闪现过的那些摩天大楼又汇集在一起，展示出它们整体的形象和组合。刚刚你在它们的脚下，而此时已经将它们尽收眼底，就如同获得了一种长大的感觉（图 5.34）。显然，芝加哥河这条景观视廊带不是一条直线，它是沿河道延伸的；另外，视廊空间随河面的宽窄也是有收有放。所以，芝加哥河景观视廊这种由收缩空间到开放空间所形成的景

观连续变化有利于造成强大的视觉冲击力,从而给人以强烈的心理震撼。因此来到芝加哥市的人总是要乘坐上游艇沿着芝加哥河来感受一下这种体验。游艇带着人们沿河道观赏两岸建筑景观,这就是一条典型的水上游览线,也是水体给人们的直接利用。

图 5.32 多瓣圆形公寓塔楼   图 5.33 西尔斯大厦

图 5.34 高层建筑紧邻河岸形成深邃的河道景观视线廊带,在运动中形成丰富的变化体验

2. 筑物的选址(特别是体积高大的建筑)必须重视城市的视域境界,并限制其宽度和角线尺寸(图 5.35)

限制建筑物的宽度和角线尺寸可以使建筑物的体型瘦小而美观,减少阻隔。如美国旧金山市规划局提出测量和控制建筑体量的方法,即控制建筑的最长立面尺度和最大对角线平面尺度(图 5.36 和表 5.1)。

表 5.1 于控制建筑体量的城市设计原则

尺度特征	建筑类型和层数	适用高度/m	最大平面尺度/m	最大对角线尺度/m
小尺度	低层:4 层以下	9	27.8	30.3
中等尺度	低层:4 层以下	12.1	33.3	37.9
大尺度	多层:5~12 层	24.2	33.3	37.9
大尺度	高层 :>12 层	12.1	33.3	42.4
大尺度	工厂和仓库	18.2	75.8	90.9
大尺度	市中心区商业区建筑	45.5	51.5	60.6
大尺度	市中心区商业区建筑	45.5	75.8	90.9

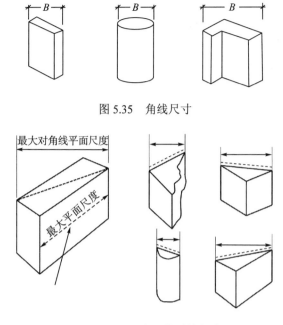

图 5.35 角线尺寸

图 5.36 测量建筑体量的方法

在具体布置建筑时，旧金山市根据地势特点，制定了"山形主导轮廓线"的建筑体量控制原则，其主旨就是建筑由山形控制。要求低层建筑布置在山脚下，高层建筑布置在山顶，加强对山势的表现(图 5.37)。这种布置不仅能突出和创造出山地城市的特色，且使视域更加宽阔。

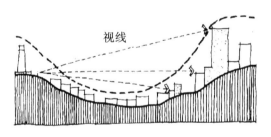

视线

图 5.37 旧金山"山形主导轮廓线"原理

旧金山的确是一座景色秀丽的滨海山城。但在城市建设中曾经也走过一段弯路。20世纪 50 年代以前，城市建设一直遵循着高层建筑建在山脊，低层建筑沿山坡建造的原则，确实形成了优美的城市主体轮廓。但自 20 世纪 60 年代开始，在中心区建起了大量的高层建筑，当地人称之为旧金山已"曼哈顿化"了。这一点从 1958 年和 1983 年在同一地点拍摄的两张照片的素描图可以看得很清楚，相距 25 年，旧金山的城市形象已是"旧貌换新颜"了(图 5.38)。很明显，新的高层建筑严重损坏了旧金山原有的城市风貌，且原有的传统建筑均具有优美的比例和幽雅素淡的色彩，但现在被高层建筑的体型庞大、色彩深沉、灰暗所充斥。

为了加强城市建设的管理，从 1971 年开始，城市规划部门曾多次制订有关建筑高度、容积率、建筑面宽及平面对角线的最大尺寸的控制性法规和条例，同时也制定了城市建筑高度分区图及城市建筑体量分区图。到了 20 世纪 90 年代，城市基本上又恢复了原有的景观风貌。

如图 5.39 所示，从旧金山观—观景点—双峰顶俯瞰旧金山全景的建筑高度控制线，它保证了城市的重要标志之一的海湾大桥不再被高层建筑所遮挡，轮廓线也再次得到较好的显现。

图 5.40 表现了建筑顺应地势的布置。左图位于山上或半山的高层建筑可以创造良好的俯视视线；而右图中山脚附近的高层建筑则会限制或阻隔向下的俯视景观，视线受阻。

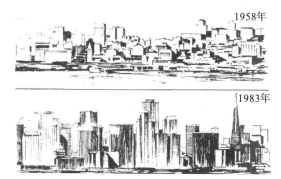

图 5.38　1958 年和 1983 年旧金山城市轮廓线的变化对比

图 5.39　俯瞰旧金山全景的建筑轮廓线

图 5.40　对建筑体量和位置的控制下的俯视景观

3. 采用加大建筑间距，或采用通透、架空层的办法留出观景窗口

如果加大建筑物之间的间距，在空地上适当绿化，就可形成视廊通道，并使建筑环境

得到改变；而把建筑底层对如柱廊、骑楼、支柱等作架空处理，也可以让视线穿透成为观景窗口；对街道转角处采用空透处理，这是较为常用的方法，它可以避免转角处视线被阻挡(图5.41～图5.43)。

　　我们可结合旧城改造，把一些机关单位、公建的实体围墙改造成为透视墙，它既可以增加道路的拓宽感，同时能把墙内的景物衬托得更加靓丽，但并非所有的围墙都适合透视，比如墙内是堆料场、停车场等，围墙最好是封闭的。对于城市空间的组织来讲，围墙在城市中不能使用过多，它虽可以界定空间，但过多则易显单调，不管它如何丰富的变化形式，薄薄的片体若无块体的结合终显单调。城市空间的营造主要靠建筑实体本身，不能依赖于围墙。

图 5.41　底层架空处理

图 5.42　街道拐角空透处理

图 5.43　围墙的透视处理

4. 进行观景点分级，并区分不同的景观视线要求

　　城市景观点是能观赏城市特征景观的地点，即有意义的视点。它必须是城市公众能够到达的地点。其观赏点可观赏的城市景观价值愈高，公众到达该地点的频率愈高，则其等级也愈高。当观景点的等级确定了，就可以此确定景观视廊的保护范围。

　　如桂林市对各山的观赏，就是按不同观景点的具体情况分三级：一级观景点要求能看到山景全貌；二级观景点至少能看到1/2山峰；三级观景点至少能看到1/3山峰。并要求在这些景观视廊范围内的建筑，其高度应低于相应的视线高度。

　　江苏镇江市是我国1986年被国务院命名的第二批国家历史文化名城，具有特殊的城市景观价值。与国内外有山、水自然条件的城市相比，它具有自己显著的特点：三面翠环起伏，一面大江横陈，雄、秀、雅兼具，气度非凡。

在景观保护规划中，对建筑高度进行控制分区，对景点和观景点进行了分级，确定北固山中锋为一级观景点，因为由此点可以得到最佳视景（或称景面），它面对长江，可望到金山和焦山各景点，然后以此划定视域的保护范围（图 5.44）。由于当时现状情况为北固山西侧的造船厂严重破坏了景面，所以在景观保护规划中提出了改造措施，即迁走造船厂，扩大江岸绿地，控制沿江建筑物高度。

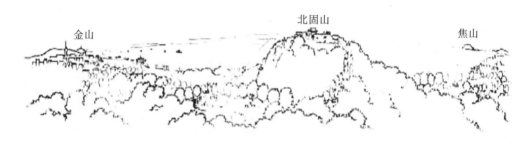

图 5.44　镇江市景观视域保护

四、文物古迹和风景名胜点保护

文物古迹和风景名胜的保护规划与设计也称为紫线规划与设计，另外还有红线（道路红线）、黄线（建筑线）、蓝线（水体）、绿线（绿地）等规划。

紫线的保护设计是城市总体景观设计的重要内容之一，其景观的魅力不仅在于它具有很高的艺术性，能反映出当地的地方特色与风格，而且它具有丰富的文化内涵，能充分反映时代的连续性。若能将历史文物古迹和风景名胜保护与城市建设结合起来，组成自然景观、人文景观、社会景观三位一体的城市景观体系，将会构成一部知识性、科学性、艺术性很强的活教材。所以在设计中应予以充分重视。

保护内容主要包括以下三个方面。

1. 确定保护对象

保护对象应该是各个历史时期遗留下来的具有历史、艺术和科学价值的文物、历史遗迹和风景名胜。包括国家、省、市、县各级文物部门已确定的历史文物和名胜点；尚未列入文物保护单位，但具有较高历史、艺术、科学价值的文物古迹和有很大开发潜力的风景点；已损毁但具有重修、重建价值的文物古迹等。

欧美很多的国家非常看重这一问题，即使不能重建或不能修复的古迹，他们也会将其小心的保留下来，并加以利用。在他们看来古旧建筑是城市的真正财富，是不可再生的历史记录，哪怕只是一段残存的墙体、几根柱廊。

图 5.45 是旧金山街边的一个有特点的场所，一排柱廊围合为一个空间，柱廊之间的下半部分用玻璃门封堵，上面加上玻璃顶，里面种上树、花草，摆上桌椅和遮阳伞，就可成为平时进餐的地方。然而从柱廊的石材表面可以看出这数根柱廊仅仅是以前一座历史时期建筑的外墙。

图 5.46 是伦敦维多利亚车站，一片历史时期的站前墙体被保留下来，而且在车站区域内还有好几处，精美的现代钢架则退在它的后面。像这种普普通通的墙体都被人们珍视起来，稍有价值的东西就更不用说如何保护了。

图 5.45　旧金山街边历史建筑的一段柱廊　　　　图 5.46　伦敦维多利亚车站历史外墙

在国内，对待这些类似的文物古迹或古旧建筑则有着不同的经历。21 世纪初，某城市要建设新火车站，其旧的站房为 20 世纪初德国人设计修建。如今看来，这座建筑无论是年代，还是自身建筑的艺术价值，均属于应该保留的历史遗址，但最终它还是被大大方方的拆除了。如果说拆除旧站房建筑时，能将其中的钟楼保留下来也是可以的，但钟楼随即也被拆掉，并且还将钟楼上的大钟拍卖换了钱。这样的欧式钟楼在德国一个普通的小村子里就可能留存有两三座，但德国人并没有随随便便的拆掉任何一座。即使在二战中被盟军炸毁，最后也慢慢照原样恢复起来。图 5.47 和图 5.48 分别是瑞士伯尔尼历史地段、日本京都三年坂历史地段。

图 5.47　瑞士伯尔尼历史地段　　　　　　图 5.48　日本京都三年坂历史地段

如今国内许多城市的规划也越来越重视对历史文化遗迹的保护。图 5.49 为镇江市清代所建的金山寺和金山寺塔；图 5.50 为江苏常熟古城对方塔的保护，整座城市形成以方塔为制高点的天际轮廓线，在不同方位都能看到它；图 5.51 是南京城中建在北极阁山顶的鸡鸣寺，原先在城市空间中并不显得突出，后来在景观保护规划中复建了寺内的宝塔，不仅丰富了这一景点本身的轮廓线，而且在邻近的玄武湖内和城市街道，以及机关、学校、院落内都可以见到宝塔的优美形象。

图 5.49　镇江金山寺　　　　图 5.50　江苏常熟方塔　　　　图 5.51　南京鸡寺塔

2. 具体保护方法

（1）保护和恢复文物古迹的本来面貌为一种普遍使用的方法。

（2）对古旧建筑加以改造，使其外形不变，而内部更添现代的设备和装修，以充实它们的使用价值，使其得以新生。即保留外形，改造内部设施，德国称这种方式为"现代化方式"，形象地称之为"旧瓶装新酒"。例如，威尼斯旧城在 20 世纪六七十年代一度衰败、萧条，这里的房屋不仅破旧且设施落后，也时常被水淹没，致使当时有 60%的人迁出。后来对旧城采取保全外壳，使内部现代化，现在的旧城居住有 40 万人。联合国计划出资 750 亿美金保护这一世界遗产的古城，修建自动水闸，可涨潮关闭，退潮开启。

（3）继承发扬古文物意境，提取传统的特色和符号。在保护设计中，并不一定需要将古旧建筑重新修复或者保留外貌，而可以在适当改造中加以提炼，以获得丰富的内涵，让历史再现或延续。如美国费城有一座破旧的 19 世纪的古建筑，在重新设计中，没有把旧建筑修复，而是只采用不锈钢制作了一个建筑屋顶构架，把 19 世纪典型的坡屋顶用开敞的不锈钢代替，地面上用白色大理石标示出旧房屋的平面。当人们来到这里透过层层空架，就会由衷地感到时代在进步，历史尚存在，引起人们的联想。

3. 划定文物古迹和风景名胜的保护范围

划定文物古迹和风景名胜的保护范围的目的是为了确保文物古迹和风景名胜所处的历史环境传统。为了使保护范围切实有效地发挥作用，常根据不同保护对象的需要，划分为严格控制区、环境协调区和视线走廊区。

（1）严格控制区：指文物古迹自身占有的地域。在此区域内严格保护文物古迹及其环境的历史原貌，一般除维修外不得有任何拆迁和改造，更不能新建。

（2）环境协调区：指文物古迹所处的周围环境区，它介于严格控制区和非保护区之间。在此区域内允许新建房屋等，但必须与文物古迹相互协调，并服从于文物古迹。

（3）视线走廊区：是专就高塔，制高点的楼台、亭、阁这些建筑而言，为保证其视线通透而设立。这种视线走廊地带可以利用地形、道路、水面、绿化空地和利用低矮建筑上空等间接实现，其要求同景观视廊设计。

图 5.52 为苏州拙政园保护规划示意平面图。图中的绝对保护区即为严格控制区；主要保护区和控制保护区即为环境协调区；拙政园至北寺塔的空中走廊范围为视线走廊区。

图 5.53 为苏州拙政园借景 1 公里以外的北寺塔的空中走廊示意图。

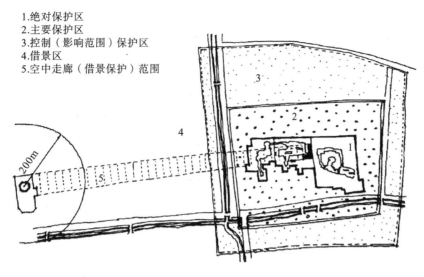

1. 绝对保护区
2. 主要保护区
3. 控制（影响范围）保护区
4. 借景区
5. 空中走廊（借景保护）范围

图 5.52　苏州拙政园保护规划示意图

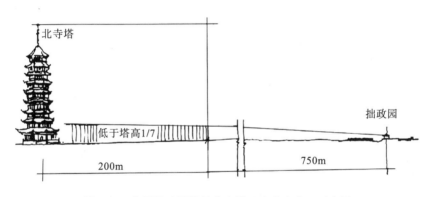

图 5.53　苏州拙政园借景北寺塔"空中走廊"示意图

第二节　局部景观设计要点

一、一般要求

1. 适合使用要求

正如街道景观设计需要首先满足人本身使用功能一样，我们做任何景观设计都必须考虑场所空间的使用功能来确定景物的尺度、气势和特性等。否则场景设计就可能不符合使用要求。比如，将住区内的公共活动场地搞得太大，或按城市中心广场设计布置，摆放大型雕塑和水体；或在住区的小游园里设置一个城市标志物等；或者反过来，将一个城市广场设计成一个游园形式等。显然都是不符合功能要求的。

我们强调景物的尺度、气势、特性等必须适合空间的功能，是为了让人们从中获得愉快与舒适的感觉，同时在直观上又是安全、卫生与健康的。

2. 避免严整和局促

城市中过分严整、局促的环境，容易给人以限制与压迫感，这是与景观设计目的相冲突的。因此，在景观设计组织中，应避免采用坚实、僵硬与局促(拥挤)的布置形式和造型，而多采用轻快、通透和自由的布置与造型。同时可多采用软质材料组织空间，形成中性景观。软质景观成分(植物、水体、阳光、云雨和风等)对景观的氛围可以起到很好的调和作用。

3. 巧于因借，重视绿化

人总是喜欢接触绿化环境，因此，在景观设计中应该重视绿化造景。此外，造景靠借景，因此要巧于因借，即在景观规划设计中，要善于依靠或利用人工或自然等其他景象来丰富自身。如因借远处的山麓、林峰、水面、广漠、原野、丘陵等自然风光；也可以因借相邻空间的景象，利用各种场所、院落的门洞；牌坊、亭、廊、花架、树林、山石；建筑或围墙上的窗口、花格；以及架空建筑等，将各种人工与自然的景物借以充实自己，从而达到以简寓繁、以少胜多、情景相融、意趣横生的景象(图5.54)。

因借除了远借、近借，还有俯借、仰借、应时而借等多种手法，这就是所谓"造景靠借景"的意义所在。通过借景不仅可以丰富景观效果，还能起到空间的连续与渗透作用。

近赏喷泉、远观丛林　　　　举目远眺，天边的白云犹在园中

把远山巧借入园　　　　开敞、空透，相邻内外景色一体

利用门洞、窗格因借相邻空间景色

利用廊架因借相邻空间景色

利用空凌的花架巧借邻近的空间

利用柱廊因借相邻空间

利用开阔视野，与天边的蓝天、白云相交融

图 5.54　巧于因借的空间连续与渗透

4. 强调对比

　　城市景观要达到美的效果，常采用对比的手法来表现。如利用树林与草地，花卉与乔木等绿化空间的对比，建筑体量的对比等。如在庭院或广场中，一片郁闭的树林与一片开阔的花圃、花坛、水池的对比，平地与起伏不平地的对比等。这些对比常常可以为城市景观起到强化作用。当然，山地、坡地城市更喜欢有平坦开阔的树荫休息场地；而平原城市对一些小山岗形成的景致更觉新鲜有趣。这些都是强调对比的一种表现和结果。因此可以在山地城市形成一些平原城市的效果，而在平原城市形成山地城市的景致。

5. 创造人际交往和人看人的环境

　　人的存在以及人的行为活动是城市中最为壮观的景色。心理行为研究表明：城市中最引人入胜的事物，正是人们活动的情景和声音。并且在现代的信息社会里，可以通过人的交往为媒介获取信息。这就给我们设计者以启示：在城市景观设计中，应设法增进人的交谈、观望和接触，为人们创造最适宜于交往和观看的场地和环境，也即建立一种社会景观场地。

　　这里所说的人际交往需要的空间环境有两种要求：一是为便于和各种人接触，要求空间有一定开敞性，过于闭塞的空间是无法和别人相遇的；二是朋友之间的谈话，不欢迎"第三者插足"，因此要求交往空间又要有一定的封闭性，否则过于开敞，心理上就存在不安全感。由此可见，我们这里需要创造的是半公共性的交往空间，它既不同于大街上或广场这类完全的公共空间（也即白空间），又不同于私人住宅这类私密空间（即黑空间），即介于黑、白空间之间的所谓"灰空间"，主要是指室内、室外交接处。城市中宜于形成这种交往空间的地点往往是指步行街旁凹入的座椅，广场上有绿篱分隔的角落，街头绿地，建筑物的廊下，大型雕塑等的台阶边，大桥下，江边绿地等处。曾经在广西梧州市的大南路街坊进行的一份调查表明，在两公顷的居住区内有 7 个较大的交往点，其中 5 个在沿街的骑楼下面，一个在大桥下，另一个在江边的绿地中，这些地点正是公共空间和私有空间的交接处，也就是"灰空间"处。在这样的地方设置几个树池，几把座椅，使冰冷环境增加了几许亲切和温暖，而成为颇受欢迎的休息交往场所。因此，如果想使某处成为人们喜欢和流连的地点，设计大量"灰空间"是一关键，也是设计应该关注的地方。

　　另外，在路边小吃店、冷饮店、下沉式广场的四周、广场周边、街头绿地中，也可以有意识地创造一个能短时间停留看看别人，或让别人看看自己的场景，让人们的活动来反映城市的景色和气氛，成为城市的一大魅力。广场边的露天茶座是欧洲城市空间中的一个极具典型特征的景观。人们坐下来一边吃东西一边看着广场上发生的一切，想着广场上曾经发生过的一切，在阳光和清风中度过美好的时光（图 5.55）。

街头绿地装点出美妙的休息交往空间

建筑之间小空间设计的休息交往场所

下沉式广场的周边交往空间

沿街骑楼和街头花园娱乐交往空间

路边小吃店、座椅、街边茶座　　　　　　　　　　圣马可广场上的餐饮区

图 5.55　利用"灰空间"形成的交往空间

　　这种在大街上看看别人，或让别人看看自己，但并不一定相互交往，这是人类共有的感情之一。我们常说"外出走走，散散心"，主要内容也就是边散步边旁观街上的行人。明代作家张岱在《陶庵梦忆》的《西湖七月半》一文中写道："西湖七月半，一无可看，只可看看七月半之人。"，他把"看人"认为比看西湖风景更重要。当代诗人卞之琳的名作《断章》中写道："你站在桥上看风景，看风景的人在桥上看你"，这也表达了人们的看人的一爱好。城市和乡村的不同特点之一是城市有看各种人的可能，这成为城市生活的一大魅力。美国建筑师约翰·波特曼(John Portman)据此提出了著名的"人看人"原理，他说："在小吃店观看其他人或者自己在人行道上来回走动都有一种魔力……我想我们可为同样的经验创造机会。"这种"人看人"的原理是彼此把对方当作环境的一部分，所以他设计的旅馆都有一个几十层高的巨大中庭，作为人们的"共享空间"，目的是提供"人看人"的机会，每层楼的人都可以从楼上平台看中庭内人的活动，而中庭内坐着的人也把看楼上周围的人作为乐趣。为此，他把电梯也做成透明的，电梯和其中的人也成为建筑物的装饰。这个理论在我国广州的白天鹅宾馆，北京的长城饭店等处，都率先得到应用并获得成功。

　　我国历史上悠久的传统文化现象，如庙会、花会、灯会、集市、赛龙舟、灯会等社会景观，同样是人看人的极好机会和场所，而且对现代城市景观也会产生影响，设计中应予以合理考虑和安排。

二、注意运用视觉感应规律与视觉环境条件

　　在城市局部景观设计中，除考虑一般的视觉特性外，应重视以下视觉感应规律与视觉环境条件的运用。

1. 透视感

　　人的视觉对景物有多种不同的透视效果，曾有学者归纳为 13 种。

　　透视感与观察者的位置和运动状态有关：材质透视——当目标距离渐远时，材料质地的密度会逐渐增加。如一堵墙，距离愈远，视野中每单位面积所包含的砖块愈多；尺度透视——目标愈远，尺度愈越小(图 5.56)；直线透视——平行线在远处似乎相遇，呈现带状

延伸的景物表现最为明显；主体透视——又称双眼透视，左右眼各自形成不同的像，其中一个常常取得统治地位；运动透视——观察者向固定不动的物体靠近时，物体好像在做加速运动，而当一个匀速运动的物体与观察者之间的距离增大时，物体的运动速度看上去似乎就降低。

图 5.56　尺度透视

与观察者位置与运动无关：空间透视——大气的介入，会增加物象的模糊性，从而改变颜色；模糊透视——目标大于或小于焦距时都比较模糊；速率改变——靠运动者近的物体比远的看上去运动要快。

此外，还有光影的推移、双视现象程度的改变等，这些都是人的视觉产生的透视感应。这些透视感应现象，为我们指出了客观物体在视觉变形中的规律，设计中可以运用这些规律给出符合人眼习惯的物体形象和景物，以满足视觉上所谓"真实"的形象。

2. 错觉与联想

1）错觉

错觉是对客观世界的错误感受，是十分普遍存在的现象，这是眼睛的缺陷引起的。

图 5.57 中，两组不同方向的线引起平行线产生了歪曲，一个面由一组线分割产生了边缘的弯曲等。

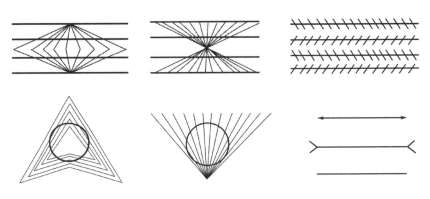

图 5.57　视错觉——线的变形

图 5.58 中由于表面的质地、光影以及线条分割不同，会产生瘦、大、高、矮、肥等感觉。

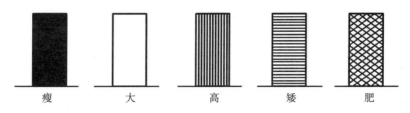

瘦　　　　大　　　　高　　　　矮　　　　肥

图 5.58　视错觉——光影、质地错觉

　　错觉还可以使空间感觉变大：如 U 形空间或鲜明简单的空间等具有扩展感，会使空间变大，而凹型空间或阴暗空间就会使空间变小(图 5.59)。

图 5.59　空间形态引起错觉大小变化

2)联想

　　人对景物的视觉联想，也就是理性景感。我们在景观设计中，应该运用传统的、含蓄的、象征的手法引导人们去产生联想，以达到某种目的。联想的运用要精确、恰当，不宜过分牵强附会，也不要过于简单。

3. 创造最佳的视觉环境

　　最佳视觉环境包括"看"与"被看"两个方面的各种条件。景观上来说，应该重视近、中、远距离视景和仰视、平视、俯视的视感。

1)远视注重轮廓

　　远距离观看时，人的视觉更多的是通过对刺激图形的特征把握来鉴赏。所以远视应重视轮廓，重视气势。这是由于空间距离较远，景象的色彩、质地的对比和群体内在的联系被淡化了，只有强烈的控制形态——轮廓线支配着人的视觉，如天际线等。

2) 近视接触细部

近距离观看时，增加了人对各种物像细节图形与它们所参与环境的识别与感受，这时一些本来影响较小的构成要素也会有显著的影响，景象的色彩、质地在视觉处理中也会变成一个重要因素，如小品、雕塑等。

3) 中视分清眉目

中距离观看时，介于远视和近视之间，主要是看清景象的主次结构全貌特征，识别其主要细部和色彩。中距离景象常常是构景的重点，也是人们常有的一种观景距离，所以景观设计中要引起重视。

此时，各景象构成要素之间的合理组织、秩序的追求、层次的变化、动静交错、整体与局部关系的和谐等，都是需要关注的问题。

4) 仰视

仰视往往是由于地形高差(低处看高处)和人们抬头仰望(平地向上看)的视觉特性所造成的。这种视觉环境常给人以兴奋和期望的感受。如站在摩天大楼前向上仰望，人们的第一反应是"太高了"，这实际上就是表现出了一种兴奋感。由于仰望易于疲劳，所以不能持久。而最适合的仰角应该是在20°以内。

5) 平视

平视为正常状态下的视觉环境。在城市环境中由于各物质要素之间互相遮挡，常使视线不开阔。因此在组景中，常常需要考虑景观视线走廊的保护，让平视能达到较远的距离，看到较多的景物。或者结合藏露手法组织景观，引导人们的视点从一个景区到另一个景区移动，也能让人们看到较多的景物，也即设计景观视觉走廊。这实际上就是采用障景、隔景的手法，"欲露先藏，欲扬先抑"，而且还可以产生"山重水复疑无路，柳暗花明又一村"的效果。

6) 俯视

俯视常由于地形、筑台、建楼等形成高视点而产生。俯视可获得多方向的景观效果，视线可充分延伸，给人以兴奋和舒畅的感受。并且俯视比仰视更自然、更舒适。这是每个人都具有的体会(图5.60)。

由于垂直物体较其他方向的物体具有更大的视觉影响，所以在广场、庭园、街道等设计中，除了确定统领全局的主景外，还必须对视平线高度的物体以及视平线呈 10°~15° 角的俯视方向上的垂直体进行综合考虑。这类物体通常是给人以亲切感的小品设施，如坐凳、花坛、饮水器、雕塑、电话亭、垃圾箱等(图5.61)。

以上就是在人的视觉范围内所表现出来的不同的视距和视角，当视距与视角不同时，获得的视景、视感的景观效果也不同。因此为了给人们创造出多种良好的视觉环境，设计中必须强调满足人们多距离、多角度观赏城市景观的条件与可能性，以满足人们的视觉审美要求。

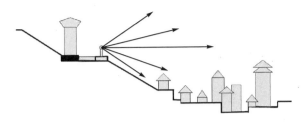

图 5.60　俯视可获得多方向的景观效果

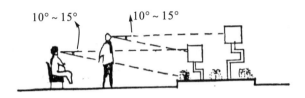

图 5.61　近距离俯视最亲切、舒适的角度

三、造景句法

语言学中的句法是研究把单词组成句子的规律及关系。造景句法则是探讨如何把造景的各种有形的或无形的景象元素(即造景的单词和符号)组成景观,并使之优化。它包括功能句法与系统句法两类。

1. 功能句法

即传统的造景法,是根据各种有形景象元素在景观中的地位或作用来设计景观的方法。具体是指主景、配景、前景、中景、背景、对景、隔景、障景、框景、夹景、漏景、添景、转景等方法。它们的共同特点在于通过有形造景元素的地位或作用的突出或抑制来达到景观的优化。

这些传统的造景手法,是我们在景观设计中常用的方法,也是我们最为熟悉的方法。但它们也有一定的局限性,主要表现在:

(1)仅在视觉形象上表现,没有从五维空间角度去塑造"全息景观",使景观的艺术表现潜力未能得到充分的发挥。

(2)以静态观点考虑较多,而动态观点考虑较少。

这也是传统造景手法存在的主要问题,同时也是与现代景观规划设计的差异所在。

因此在使用中应根据不同的场景和构思,与系统句法一起综合运用,从而形成一个完善的整体。

2. 系统句法

系统句法是在全面地调查、认识、研究各个景观元素的信息本质基础上,系统地、多层次地、多角度地对景观进行艺术加工创造的一种方法。它又可以分为静态句法和动态句法两种。

1）静态句法

静态句法是从生活中提取传统典故、地方特色和具有代表性的自然景观元素，结合一定的场景进行造景的方法。

如烟台城市景观规划设计中，运用这种方法创造了八景：

（1）新——港城新貌。利用地处滨海的优势，反映了烟台风貌的缩影，新颖的山、城、海岛融为一体，打造清新活跃的景貌。

（2）奇——龙宫奇观。结合某小岛上的旅游建设构想一个海洋科学研究的海洋世界；包括海洋水文地质、航海、海洋生物，透过水下玻璃窗进行观光。

（3）古——秦皇射鱼。根据历史典故，有秦始皇统一中国后三次登上芝罘岛，亲投连弩，追杀大鱼之说，再结合此地优美的自然景观进行设计。

（4）怪——台山石船。利用自然山石进行造景。烟台山上由陡岩风化脱落的自然巨石形似小舟，屹立危岩之上，似若凌空无托，摇摇欲坠。

（5）悠——海岸歌钓。根据市民的活动习惯打造景观。沿海岸路一线，早晚有很多市民在此钓鱼、观景。

（6）趣——果林野趣。充分利用当地的苹果、大樱桃等地方特产，在风景优美的山丘地带成片布置果园，供人们亲临产地，自选自采，相互逗趣。

（7）玄——芝罘观日。登上芝罘岛顶峰老爷山头，极目远眺是浩瀚的大海，低首俯瞰则见狂涛撞击峭壁；清晨日出金光万道，似有走到天尽头之感。

（8）空——海天一色。利用自然的海城风光和古代的传说造景。在芝罘岛"婆婆口"处，景观秀丽，尤其在阴天由此北望，海天一色，虚无茫茫，别具一景，加之婆婆石的传说烘托出历史文化的气氛。相传古时候，有婆婆一家五口住在芝罘岛，日子幸福美满。秦始皇执政时期，她的儿子被抓去修筑长城，从此下落不明。于是儿媳妇担负起一家生活，再加上思念丈夫，不久劳累病故，自此祖孙三人相依为命。后秦始皇为求仙药又征三千童男童女，把老人的孙子又抓走，老人带着孙女沿着海滩涉水追船，孙女在后紧跟，二人声嘶力竭，天地不应，最后老人化作婆婆石，孙女化作一块小石——喻为"空"意（图5.62）。

图5.62　烟台芝罘岛与婆婆口

　　这新、奇、古、怪、悠、趣、玄、空的形成，均是在大量实地调查研究和收集资料并分析整理的基础上，对造景内容与形象特征进行提炼后产生的，这样才会使每一个被塑造的景观意味深长。

　　按照这种方法创造的景观，当人们处于现实空中去亲身体验时，得到的便是五维空间的全息景象。当然，视觉维是最重要的，其他各维也占有不同比重。比如西湖十景中的柳浪闻莺、平湖秋月、三潭印月、断桥残雪、苏堤春晓、花港观鱼、曲院风荷等。人们的各维感官对西湖十景所传递的信息量占总信息量的比重是各不相同的，形成了如图 5.63 所示的"比重梯度"。可见，视觉信息最多，而味觉信息最少。但尽管如此，它仍然为人们提供了一个五维空间的全息景观效果。

　　静态句法常采用模糊法、简洁法和对比法来减少景观的识别信息总量，即排除与主题无关的因素，使景象的识别信息量少而精，以达到突出主景淡化配景与衬景的目的。简洁法主要依靠人工手段；模糊法则是利用自然气候条件或时间更替，如烟雨、雾雪、云彩、晨曦、晚霞、月色、灯光等；对比法则是通过对比强调部分景象，而使其余部分景象成为其背景和补充。

　　2) 动态句法

　　动态句法则是考虑时间和空间因素相互作用和变化的景观构景方法。

　　(1) 强化法。强化法是指为了比较突出地表达某种设计意念，借助于一定的手段去提高和放大某景象在整个景观中的控制力，强化景空。其最常用的方法就是利用人们的错视觉及反射光线形成影像的办法来强化景观空间。如利用水中倒影、灯影、光影、镜面反射等得到强化效果。

　　图 5.64 中华盛顿东西轴线空间中的华盛顿纪念碑，利用映像水池得到了强化，使它在景观空间具有一定的控制力。图 5.65 中纽约这一现代建筑采用全玻璃幕墙使历史建筑更为突出。

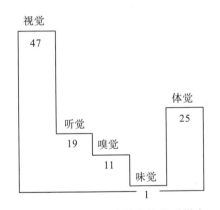

图 5.63　西湖十景景空的各维比重梯度

图 5.64　静水池清晰地映照出纪念碑的身影

　　图 5.66 中这幢建筑物外柱廊上的灯具被隐藏在建筑构建之中，灯光向上照明，在伸出的屋檐底面上留下了条条光亮带，而光亮带之间则形成条条黑影带，使这里的夜景表现出别具一格的特色。

图 5.65　现代建筑映照历史建筑　　　　图 5.66　利用灯影更突出了建筑构件的韵律感

（2）弯曲法。弯曲法是利用地形、道路等创造水平或竖向弯曲变化，使景空之间相互流通，又互相掩蔽，增大了人们对景观的期待感。通常运用在道路及景观轴线的设计上。看不到尽头的笔直街道会令人厌倦，而适当曲折弯曲的街道却令人仿佛是在一个连续不断的内空之中。

图 5.67 中道路可以随地形高低起伏，植物顺地形走势布置，形成极富变化和节奏的景观效果；道路也可竖向凸起，遮住人们的视线，使人们对外面的景象产生一种期待感。

图 5.67　道路随地形起伏极富变化和期待感

而曲线形的街道设计能给人带来景观的连续变化，使弯曲的街景含蓄且步移景异，如图 5.68 所示。

（3）逆转法。逆转法指在可能的情况下，尽量使正负景空互相转化，加强人们的期待感，激发求新欲望。

所谓负景空即指地下景空、水下景空、夜间景空等。地下景空如地下公园、地下游乐园、水底隧道等。一般情况下，城市中的负景空往往会比地面景空更富有魅力。比如夜景，同一景物却在晚上常给人以全新的感受。

图 5.69 中同一幢建筑，白天建筑外墙为"图"，到了夜晚，建筑玻璃窗的光亮跳出成为"图"，显然夜晚比白天更美，视觉上也会产生了一种全新的感受。

图 5.70 也是相同的一幢建筑，白天的景观色彩灰暗模糊，到了晚上，景观色彩斑斓。

图 5.68　曲线形街道景观变化而连续

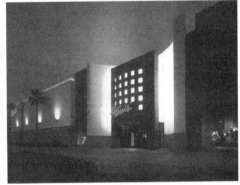

图 5.69　白天与夜晚建筑外墙与窗口景空凸显对比

图 5.70　白天与夜晚建筑景空对比效果

图 5.71 是一处水体景观，在白天，水体仅有软化硬质景观的作用，水雾软化了堆石硬质组合；到了夜晚，景观的亮与暗逆转变化，对比强烈，从单调的空间中升腾起瀑布水

雾，使空间产生无穷的魅力。此处水体景观同时还运用了模糊法，并配合灯光产生了奇特的效果。

图 5.71   白天与夜晚的灯光景空逆转对比

四、设计中应注意的问题

在进行局部景观设计时，应注意以下问题。

1. 突出个性

城市景观不能千篇一律，总是表现一种模式。城市整体景观是由各局部景观组合而成，因此各局部景观应该要避免千层一面，力求在构图中要有各自不同的基调。

比如，在设计时，有的偏重文化内涵，有的更重艺术效果；有的以硬质景观为主，有的以软质景观占主导地位；有的主要表现自然风光，有的则着重于人工景观的塑造；有的采用对比手法，有的则运用和谐法则；有的反映历史传统，有的则展示现代风貌；有的构图简洁明快，有的布局则多样统一。

构图基调可以体现在色彩、形态、体量、材料、单体与群体等方面。依次思考，各景观必会有与众不同的特点，组合起来就会使城市景观有峰有谷，有差异变化，从而使城市景观凸显千姿百态，丰富多彩。

当然，这无疑需要在城市景观总体设计下的指导来进行，也即只有按照总设计的要求来进行局部景观设计，才能使组合起来的各个局部景观构成一个有机和谐的整体。

比如，某城市的景观大道或城市主干道，都是城市主要交通干线，红线宽度一般都比较宽阔，也具有一定的长度，但在具体的布置和街道景观设计上可有所不同。如行道树和分车绿带的选种与配置不同，灯具的造型、灯光的色彩不同，广告设施的安排，横断面的处理等也可以有所不同。按照这样的设计构图，主干街道上所表现的景观无论是白天还是夜晚，都会给人以不同的景观效果。因此城市中的各条道路在不同路段的设计上也应注意景观有所差异。

为了突出与保护城市景观的个性，要重视在视觉上有特色的事物，如有特征意义，有象征表现，有地方特色的场地、建筑物、小品、材料等，哪怕是一段景墙，一棵形体较好的树都可以结合周围环境构成一个美好的景点。

2. 注重动态构景

与动态空间的组织一样，空间和时间是一切景物存在的基本形式。因此，组景的主要手段是通过人的动线来组织，与人在空间中移动时的感觉相联系。以隔求深、以曲求变、以隐求显、以暗求明、以高求远、以引求通，这实际上是利用诱导手段引导空间序列变化而带来较多的景观变换。设计中可以运用这种空间序列的变化在有限空间里创造无限的景观。

例如，以曲求变的序列变换。当人沿着弯曲的路径运动时，随着视点的移动，景观也就会产生较丰富的变化。其景观感受有以下三点：

(1) 道路的弯转目标消失不见，眼前被其他的景物所替代，使人产生期待感；随着道路的又一次转折，主体再次暴露，使人兴味不减。

(2) 最开始看见主体局部，而到最后主体才完全暴露，使人产生悬念。

(3) 有时景物与人距离虽很近，但因道路曲折，幽则见深，虽咫尺之地，却能气象万千。可见，曲折起伏的道路具有藏而不露的诱导性，使道路具有明显的多维空间的动态特征，不仅使人产生期待，也让好奇心充满行程，从而可加深对主景的印象。

图 5.72 所显示的是同一个景观场景，但它们采用了不同的设计处理。在道路的尽头有一处具有强大吸引力的景点(物)，左图采取的设计是将道路曲折变化了一次，那么在其路径上向前的景观也仅仅变化了一次；而右图采取的设计是让道路曲折了多次，向前的景观也就变化了多次，提供了更多的视觉趣味。但这并非认为景观的转移越多越好，重点是要考虑每次转移能看多远和走多远，这是一个长短影视的关系问题。

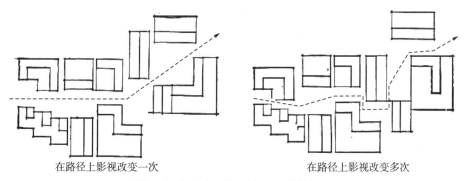

在路径上影视改变一次　　　　　　　　　　　在路径上影视改变多次

图 5.72　同一景观场景的不同设计处理

图 5.73 为长短影视的对比情形，通常情况下，经过一连串较短的影视之后有一段长的影视，会使长的影视更受欢迎，反之亦然。而只有一连串的短影视组合，处理不好便会产生零乱感，让人产生视觉疲劳；而采用单纯的长影视又容易让人感到枯燥乏味。

图 5.74a 的设计是让主景先隐蔽起来，即先采用视线不通透的设计，然后在毫无提示的情况下，再让主景突然显示出来，造成惊讶和欣喜；图 5.74b 是让主景在人们行进的路径中不断地被瞥见，从而激发人们极大的兴趣。这两种设计都是采用的障碍设置法，但因具体处理不同，效果也就不一样。这两种设计手法无好或差之分，主要看它所处的具体场景，以及设计者想要创造出何种效果。

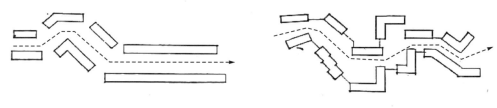

图 5.73　长短影视对比

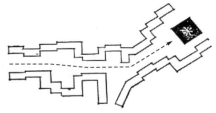

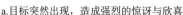

a.目标突然出现，造成强烈的惊讶与欣喜　　　　b.目标不断地被瞥见，从而激起人们极大的兴趣

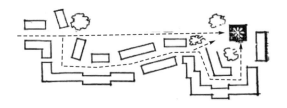

图 5.74　视觉障碍设置

在动态构景方面我们还应注意以下几方面的认识：

(1)观赏一个景物，多视点比单视点强。组景时，要选择多个观赏视点。尤其是对那些具有多视点观赏条件的景物，如场地条件、景物自身条件等，要特别重视其构景要求；而对一些自身条件有限的景物，比如除了主观面条件较好外，其他几个面的形象大打折扣，有损整体形象，这时就不能强求多视点观赏，相反还应该在构景中把那些面遮掩起来。

(2)视线有起伏变化比单一水平变化的感受要强。对动观的景象，宜使其视线与视点不仅要有水平的曲折变化，还要有竖向的起伏变化，这样会使得景观空间变得更加充实。图 5.75 是由向阳路和中央路观赏古建筑的动观景象。由于中央路与建筑处于同一高度，所以由中央路可以直接看到古建筑的完整形象，距离的远近其形象不变；而由向阳路至古建筑时，其地势是由低到高的变化，所以由向阳路观赏古建筑视觉形象是渐变的，即先看见古建筑顶部(D 点)——建筑上半部(C 点)——建筑大部分(B 点)——整体建筑全部(A 点)。

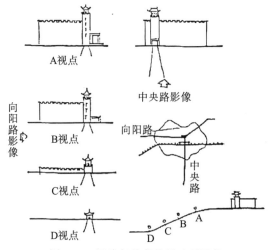

图 5.75　视线起伏变化的动观景象

(3)突变动观比渐变动观强。所以在组景中，视线设障碍比不设障碍的要强，先藏后露能达到强化效果。

(4)动观比静观强。绘画艺术中最重要的原则之一是有生命的活动，景观设计也是如此。静观空间感受产生一个印象的空间视觉界面，而动观的空间产生一个相互联系的空间集合的总感受。它比各个空间感受的简单叠加要强，因此要多开发动观的景象。

3. 注意"小观"，讲究适用性

在景观设计中，除了注意"大观"之外，许多"小观"也颇有意义。比如一条深巷、一个街口、一口井台，都值得我们留意。比如就一口水井而言，它是古时候城市中重要的生活设施之一，供生活、生产及消防用水。后来便一直延续了下来，而且凡是设有水井的地方往往都辟有一小广场或小块公共场地，地上铺上石块，旁边种有遮阴的大树，树下安置有石凳，架有简易石制洗衣台。这里往往是人们汲水前后乐于小憩的地方，人们来到这里除了挑水，还常在这里洗衣、洗菜、交换信息、谈论家常，具有浓厚的生活气息。

对于这样的场景，我们都曾有过亲身经历。在城市中，很多传统院落或附近都会有一口凉水井，一棵大大的黄桷树遮天蔽日；石块铺地，踩在上面光滑凉爽；井水冬暖夏凉，终年水量不变。尤其到了夏天，天天取水、洗衣、洗菜，小孩、老人都欢欢喜喜聚集在井边玩耍、聊天，其乐融融的生活场景实在是令人回味。随着城市建设和生活现代化，再也没人去光顾这些凉水井了，水井也就慢慢地荒废，最后被填埋并彻底地消失在喧闹的城市之中。现如今，自来水进入到各家各户，即使有水井，人们一般也不会再使用，但若能从另一角度很好地利用它，它却将会是一个富有特色的城市"小观"，对充实城市的精神功能是很有益的。

总之，城市景观规划设计具有极强的综合性与艺术性，更是一门十分深奥的学问，要掌握这一设计技能不可急于求成，只能依靠专业知识的不断积累，徐徐渐进学习和练习。我们在设计中常常提到"意境"二字，人们对其解释众说纷纭，大多人认为"意境"是主体和客体的结合，其中意是主体，境是客体。当人们把景物组构成景观时，它是按照设计者的构想去做的，设计者把特定的艺术形象、艺术情趣、艺术气氛表现在景观作品中，这就是意；当人们通过欣赏景观触发起艺术联想与幻想，这就是境。

我们认为，只有能产生一定意境的景观作品才能算得上是好的作品。如果设计景观只讲好看、花哨、娇艳，只求表面现象，不能让人们在观赏之余有所回味，那对人们的吸引将是短期的。而景观的意境显然是由景观设计者自己去构思：想要表现一种什么样的意境，又怎么能够让人们从中去领悟。这也一直是景观规划设计上的难点。

因此，我们在训练自己做景观设计时，可以尝试着先去限定或构想一些不同的场景，如显、雄、旷、锁、幽、深、静、雅、趣、秀、巧、奇、古、怪、悠、空等，再根据设定的场景去造景，而这些预先设定的场景为我们造景提供一个前提和主题，我们只需要在设计中去体现出来。

第六章　城市广场景观设计

在城市规划与建筑设计之间缺乏的一个中间环节，便是城市设计。城市广场设计则属于城市设计的内容之一。城市设计是城市规划和建筑设计之间的桥梁，它是从城市整体出发，具体地对某个城市、某个地段、某个街道、某个中心、某个场所进行综合设计，即城市设计的范围很大，大到可以是整个城市，小到一个广场、街道、院落、建筑、构筑物、小品。其目的就是为了提高城市环境的质量，从而改进人的生活质量，给人带来可能的、最大的便利与舒适，给人以美的感受，以实现千百年来人们对城市的美好构想。

人的一生中有很大一部分时间是在室外度过，常常需要在室外行走、漫步、逗留、交往、小坐、聆听、注目、娱乐和游憩等，不同的活动则要求具有不同的室外空间。

作为为城市居民提供主要公共活动场所的外部空间——城市广场，它自然也就成为城市设计的一个主要内容。特别是在现代城市发展更加开放的今天，重要的变化之一就是表现为人们对精神需求的发展与提高，这就必然引起人们对交往环境的需求以及对公共空间的需求，这样一来，广场便在当今的城市中扮演着越来越重要的角色，成了城市中最富魅力的外部空间。即是说，城市广场在现代城市社会中具有十分重要的现实意义。

《马丘比丘宪章》中说"人们的相互作用和交往是城市存在的基本依据。"随着现代城市发展，生活节奏加快，人们交往需要用某种方式宣泄自己的紧张情绪，消除孤独。人与人之间的联系和交流便成了精神慰藉的方式，而城市广场则是最好的公共活动场所，也是最好的休闲空间，而且还是很好的文化交流场地，因而就有了广场是城市客厅的说法。它可以帮助人们从压抑的机械节奏中释放出来，舒展身心；可以提高市民的思想活动，文化水平，人生修养、公众意识等；也可以说广场是城市的避风港，是沙漠里的绿洲。总之，现在人们对城市生活的交往性、娱乐性、参与性、文化性、宽松性和多样性的追求与广场所具有的复杂功能，多景观、多活动、多信息、大容量的作用是相吻合的，因此城市广场是城市建设中必不可少的城市设施。

城市广场往往是城市形象最显著的形象代表，如果去某个城市旅游，身处在繁杂喧嚣的车流之中或高楼林立的建筑海洋之中时，你只会感到烦躁不安，而不可能产生留恋之意，当你步入一个美丽的广场之中，观赏到建筑优美的立面与天际线，观赏到令人心旷神怡的绿植、水景，甚至参与各种各样的活动时，你就会流连忘返，对这个城市留下美好的回忆。

追溯广场的发展历史，它起源于古希腊时代。广场文化在古希腊、古罗马文明的兴起和发展中扮演极其重要的角色。翻开欧洲一些古老的城市地图，可以看到，城市的核心或者说城市的心脏就是城市广场，城市街道大多是由城市广场向四周延伸，让人感觉只有来到城市中心广场才算来到城市之中(图 6.1)。这些古老的城市及旧城遗址，尽管经历了数百年甚至几千年的历史，但如今仍能见到当时城市广场的壮观景象。

意大利阿西西城圣弗朗西斯科广场

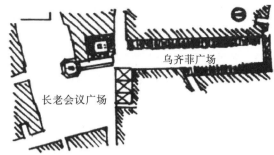

佛罗伦萨希格诺里亚广场

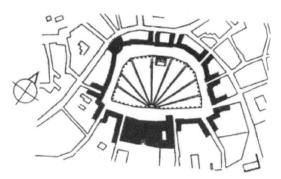

意大利锡耶纳坎波广场

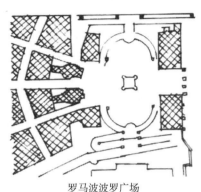

罗马波波罗广场

图 6.1　世界历史上的广场

直到今天人们提起一些著名城市，就会自然联想到这座城市建有的标志性广场，如莫斯科红场、巴西利亚三权广场、威尼斯圣马可广场、北京天安门广场等。这些广场因具有独特的风格和传奇的色彩而名扬四方。广场形象在人们心目中已经成为这些城市的标志和象征，可以说城市广场是城市形态的节点，是城市形象的载体，也可称之为"城市品牌"。因此，城市广场有生机，城市就有了生机；城市广场有缺憾，城市也就不健全。由此可见，把广场在城市中的地位提到了很高的高度，也就引起人们对交往环境需求，对公共活动空间的需求。这样一来，广场便在当今城市中扮演着越来越重要的角色，并成为城市中最富魅力的外部空间。可以肯定地说，21 世纪的城市会是一个更加重视城市广场设计的时代。

然而，纵观我国整个城市广场设计与建设，虽然在满足市民社会活动的需要，提高城市环境质量方面取得了一些成效，但由于在城市文化的认知上、价值观念的定位上、环境的规划与设计上、经济基础和管理制度上还存在诸多不足，导致城市空间环境建设的滞后，城市广场没有得到充分的发展，人们还缺乏更多自由和谐、亲切自然的城市空间环境。

1. 出现没有场的广场

随着现代城市经济的快速发展，不少城市出现了为数并不少的所谓集商业、文化、娱乐、休闲、办公于一体的广场，实际上是没有场的广场，即除了建筑外没有更多的能够聚集很多市民的空地。如北京曾经执意要修建的某"广场"，其实就是修建了一座酷似火柴盒的巨大建筑，其四周并不具有实质上的广场空间。然而它却占据了东起东单路口，西到王府井路长达几百米的城市主要地段，而且建筑的高度达 80 米，超过了中央批准的北京建设总体规划的一倍。而北京市总体规划中所规定的市中心地段的任何建筑高度不得大于40 米，向外可以适当增高。其目的是为了构成基本上是横向的、舒展开阔的且中间低四周逐渐高的天际轮廓线。以全面的保留历史核心建筑群的精华，鲜明地显示出最富中国特色与民族风格的历史名城的景观特色，给人以完美的形象概念。但是，像这样类似的破坏性建设在一些城市也不难见到，这种只见建筑不见场地这种广场不应该再有出现。

2. 硬质铺地过大，绿化偏少

曾经一段时间，国内广场普遍忽视环境因素，硬质铺地过大，绿化偏少，或者即便是有绿地绿化，也往往为平面形式居多，缺少立体绿化。比如一些大城市在城市开放空间处理上，绿化环境明显不足，基本以草皮为主，倘若能多种植一些大型乔木，发挥"二层"主体绿化作用，设计会更加合理。但是，一些城市更不应该盲目效仿那种只见草地，不见森林的大广场，完全忽视了其场地的土壤也许是可以栽种高大乔木，发展主体组合绿化的。因为乔木在净化空气、保持水土，促进生态平衡等方面作用远大于草皮，单就从广场的功能上讲，也需要为市民在烈日炎炎夏季，提供能够遮阳庇荫的户外活动场所（图 6.2）。

图 6.2　某些城市的中心广场

3. 不注重人的使用

广场应该为使用者服务，满足人们变化多样的行为心理需求的公共活动空间。城市广场应该以人为本，充分体现对人的关怀。它应该具备三个特征：一是公共性，即广场供公众使用，或作为休憩场所；二是开放性，即广场在任何时间均可供公众通行或休憩的场所；三是永久性，即无论何种广场，都应可以永久管制，不可任意变更为私人使用，或仅部分时间、部分空间对外开放。

为此，单纯的绿地或空地，只要市民无法使用就不能称之为广场。广场上应有齐全的配套设施，如售货亭、电话亭、公厕、垃圾箱、座椅等，真正做到为每位市民服务。但是许多城市广场在规划、设计时对这方面不够重视，没有按照人的需求对广场进行区划；广场上的设施不完善，比如公厕太远或不好找、座椅太少而商亭太多，甚至从管理上限制人们进入广场等。如某城市文化广场，由于区位优越，设有建筑物围合以及场地中踏步平台的设置等，以及它所表现出的历史文化氛围，很自然成了老人们欢乐相聚之地。后来管理上限制人们进入，只允许老人在广场门外小街上相聚休憩，于是这个极有人情味的广场逐渐消失了。同时，也使这一广场最具实质性的功能作用丧失殆尽。还有一些城市广场布置较多的封闭式绿地，使人们能进入的活动空间严重不足。

尽管中国目前有着世界上最大的广场——天安门广场，但对现代城市广场的景观设计才刚刚起步。因此，我们迫切需要在今后的城市设计中加大广场设计的力度，结合城市特点、环境特点，设计出有时代精神、中国特色的不同类型的广场，以满足人们参与公共交往、娱乐休闲等活动的需求。

第一节　广场的分类

一、广场的概念

从广义角度来说，广场的概念十分宽泛，这与广场的形成历史与发展特点有关。在人类还没有掌握建筑生产的时期，人类主要是在空旷的场地上活动，后来人类逐渐掌握了房屋建造技术，便形成了许多建筑内部空间，这样就产生了室内与室外两种不同空间场所，而人们通常将室外空间场地称之广场。

广场最早出现在公元前 8 世纪的古希腊，称为"Agora"，这个词是集中的意思，表示人群的集中，也表示人群集中的地方，后来这个词也被用来表示广场。

对广场的英文有两种翻译。一种是 Plaza，意为中间有喷泉的十字交叉路口，是从古罗马引申而来。因为古代围绕水源，就会有很多路延伸过来，人们取水时聊一聊天，休息休息，在水源旁边就形成了一种聚集性空间，这也是 Plaza 式的广场的最初定义，现在这类广场应该指的是多条道路交叉汇合处形成的交通性广场。另一种是 Square，通常是指由建筑围合成的规模较大、形态比较规整的空间，应该是与交通广场性质不同的其他广场。

然而，广场一经诞生，便随着城市的发展而发展，现在人类进入了具有高度文明的现代城市时期，广场必然又被赋予了更为深刻和丰富的内涵，同时也会同其事物一样，被人们从不同的角度给予不同的定义。

综合来看，城市广场是为了满足多种城市社会生活需要而建设的，以建筑、道路、山水、地形等围合，由多种软、硬质景观构成的，采用步行交通手段，具有一定主题思想和规模的城市户外公共活动空间。其中城市社会生活包括政治、文化、商业、休憩等多种活动；主题思想指所表现的城市风貌、文化内涵以及城市景观环境；户外公共活动空间是指它是公有的，谁都可以进入，这一点是十分重要的。

二、广场的作用

广场，作为城市公共空间环境的主要形态之一，越来越受到重视和关注，这是因为广场的城市功能和社会作用日益突出。它是城市公共社会活动的中心，它为集会盛典、文化娱乐、节日休闲、旅游观光、文艺演出、瞻仰游览、强身健体等活动提供了宽广的空间，它已经成为人们日常生活和进行社会活动不可缺少的场地。其主要作用归纳如下。

1. 是城市的"大客厅"

人们常常做这样的比喻,整个城市好比一幢大的居住建筑,那么街道就是建筑的通道,建筑物的室内空间可以相当于私密性较强的卧室或者书房,能够称得上客厅的就是城市的广场。因为,城市的广场可以作为人们散步休息、接触交流、购物、娱乐等活动的场所,具有用于公共生活的用途。所以,如同家庭中的起居室能使人更加意识到家庭的存在一样,广场会使居民在这个"起居室"中也能意识到社会的存在,意识到自己在社会中的存在。

人们普遍认为城市广场是城市的精华所在,而广场被誉为城市的客厅,这一说法是来源于拿破仑,他曾称威尼斯的圣马可广场为"欧洲最美丽的客厅"。圣马可广场始建于10世纪初,后来成为世界上最卓越的建筑群和城市空间之一,也是世界上最精致的广场之一。从广场的平面组合、空间构成、建筑物的配置、立面造型、细部装饰,还是广场上的视觉效果,以及广场与整个城市、大海、河流的结合,可以说达到了形体环境和谐统一的艺术高峰(图6.3)。千百年来,它不知道吸引了多少人在这里流连忘返。

2. 是交通的枢纽

人们普遍认为,广场是城市道路系统的一部分,是行人、车辆通行和停驻的场所,所以,它应该是城市交通系统的有机组成部分。特别是城市中多条干道交汇处形成的广场,以及城市多种交通汇合转换处的广场,如站前广场、港前广场等,起着交汇集散、缓冲、联系、过渡及停车作用,合理地组织着城市交通,成为城市交通的连接枢纽(图6.4)。

图6.3 威尼斯圣马可广场   图6.4 某城市站前广场

另一方面,不同的街道轴线可以通过广场连接起来,以加深城市空间的相互穿插和贯通,从而增加城市空间的深度和层次,为城市美奠定基础。

3. 促进共享作用,给城市生活带来生机

广场是城市居民进行公共活动的场所,也是人们的共享空间。为了有利于广场内各种活动的开展,仅有场地(空地)是远远不够的,还必须引进不同的建筑,安排各种小品设施、配置绿地等,方便人们在广场内进行各种活动,为人们的共享创造必要的条件,从而也强化城市生活的情趣,构成丰富的城市景观。

　　现代城市广场在规划设计上越来越重现，除了一些功能单一的政治集会广场、交通广场以外，一般都要考虑为来到广场上的不同层次、职业、年龄、目的人创造轻松、愉悦、舒畅、惬意的氛围。如在广场是否留有足够的空地或者草地，布置溜冰场、水池、喷泉、雕塑、看台、茶座、座椅等；人们或坐、或躺、或谈、或看、或玩，都会感到舒坦、惬意，在心理上得极大的满足。广场上有民间艺人、艺术团体的表演，总会吸引围观人群，形成共享。广场上这种特殊的氛围丰富点缀着城市的生活。可见，广场是提供这种共享条件的最好场所。从这一点来看，广场的作用还体现在它能够帮助人们减轻在快速运转的城市中所带来的心理压力，给人们留出一块"喘息"之地。所以，工作和学习之余，充满共享之乐的广场也就成为人们的好去处。可见，没有广场的城市是不健全的。

三、广场的类型

　　由于现代城市生活的复杂和多样，也导致了广场类型的复杂多样性。

1. 不同性质的广场

　　城市广场的性质取决于它在城市中的位置与环境，主体建筑与主题标志物及其功能等。而现代城市广场越来越趋向于综合性的发展，因此按性质分类也仅能以该广场的主要性质进行归类，一般可分为以下几类：

　　1)公共活动广场

　　公共活动广场包括市民广场、中心广场、文化广场等。

　　这类广场是城市的主要广场，也是多功能广场，主要供居民平时进行游览、娱乐、游憩、锻炼等一般活动。这类广场多布置在城市中心地区主干道附近，方便市民到达。一般中、小城镇可设置一个，而能利用体育场兼作集会活动场地的小城市和县镇，可不考虑集会用地。大城市还可分市、区两级设置，且具集会功能(图6.5)。

　　这类广场集中成片绿地的比重一般不宜少于广场总面积的25%，其形状大多为规则的几何图形，然而不论哪一种形状，其比例应协调，对于长与宽比例大于3倍的广场，无论从交通组织、建筑布局和艺术造型等方面都会产生不良的效果。因此，一般长、宽比例在4∶3、3∶2、2∶1为宜。同样，广场的宽度与四周建筑物的高度也应有适当的比例，一般以3~6倍为宜(图6.6)。

　　2)市政广场

　　这类广场多建在市政府和城市行政中心所在地，是市政府与市民定期对话和组织集会活动的场所。因而有的将其也归纳为上一类广场，也可单独称为集合广场。它与繁华、喧闹的商业街区有一定距离，以利于创造稳重庄严的气氛，所以广场周围建筑群一般也是对称布局，标志性建筑位于轴线上。同时，广场应具有良好的可达性和流通性，以满足大量密集人流的串通。由于市政广场主要目的是供群体活动，所以应该以硬地铺装为主，同时可适当地点缀绿地、水体和小品。

图 6.5 某城市中心广场   图 6.6 北京天安门广场

3)（交通）集散广场

这类广场具有城市交通交通枢纽的功能作用，主要解决人流、车流的交通集散。根据在城市中所处的位置，又分为交通广场和集散广场两类。

集散广场是指设置在城市对外交通枢纽处（如车站、港口），以及室内大型文体设施前，供人、车集散用的广场。按照它所处的不同位置又分为站（港）前广场，如火车站、汽车站、民航港、水运港前的广场等；大型公建前庭广场，体育馆、展览馆、影剧院等前的广场。它们虽均属于集散广场，但人流的集散特征不相同，因而在规划布置上亦各有其特点要求。

4)交通广场

交通广场指的是城市干道交汇处或城市道路与城市桥梁交叉处的广场，前者称为环形式广场，后者叫作桥头广场。

环形式广场就是通常说的环岛，以圆形为主，也有椭圆形的。有些中央绿岛规模较大，不仅用于组织途径车流与人流转向，而且准许人们从规定通道进入内部休憩，有的甚至布置成绿化小游园。环形广场往往位于城市的主要轴线上，因为通常是主要道路交叉形式，所以其景观对形成整个城市的风貌影响甚大。因此，除了配以适当的绿化外，广场上常常还设有重要的标志物，形成道路的对景。

桥头广场设计时应注意结合河岸地形，若滨河路与其他道路平交时，通常也是放置环形绿岛。

5)纪念广场

纪念性广场是在城市中修建主要用于纪念某些历史人物或某一历史事件的广场，通过人们的瞻仰、游览，以达到缅怀过去、深受教育的目的。如遵义会议会址、广州农民运动讲习所、烈士陵园前所设的广场；有的城市在广场上设置革命历史文物、烈士塑像、历史人物塑像、纪念碑等也成为纪念广场。如上海外滩的陈毅广场、南京渡江胜利纪念广场、哈尔滨防汛纪念广场、南京中山陵纪念广场等。

6)商业广场

商业广场包括集市广场和购物广场，是城市生活的重要中心之一，供居民购物，进行集市贸易活动。商业广场常配合商业步行街(区)设置。

购物广场：以各种商品交易为主，商业广场大多位于城市的商业区，也是商业中心区的精华所在，因为人们在这里可以观察到最有特色的城市生活模式，在购物之时充分享受城市客厅的魅力，从而形成了一个富有吸引力、充满生机的城市商业空间环境。

在我国这类广场比较多，如上海城隍庙、北京王府井、苏州玄妙观、南京夫子庙、天津劝业场及文化街等。

集市广场：以农副产品交易为主，广场实际上是把购物和集市二类广场组合起来，集市广场相当于综合市场，一般比较靠近居住区。

7) 休闲娱乐广场

这类广场是专供人们休息、玩耍、娱乐的场所，在现代社会中，它已经成为广大民众最喜爱的、重要的户外活动场所。因为它最能使人轻松愉快，人在其中可以"随心所欲"。它不像前几类广场，都有一个中心，所有要素都为此中心服务，而这种广场整体是无中心的，它只是向人们提供了一个放松、休憩、游玩的公共场所。设计时要求无论面积大小、空间形态、平面布局、小品座椅、水体绿化等都要符合人的环境行为规律及人体尺度。广场的位置也要灵活选择，可位于市中心，也可位于小区内，还可置于一般街道旁，以方便人们的不同需求。这类广场有休息广场、康乐广场、步行广场、游戏广场、喷泉广场、音乐广场、公园广场、滨江广场等。

如美国纽约佩雷小广场，位于街道旁，面积约为390.4平方米，一面临街，三面是相邻建筑的墙面。由于设计师做了精心设计，使这里深受市民喜爱，主要为成年人的休息场所，实用率极高。广场左右两侧的墙面以绿色攀缘植物装点，主景端墙则成功的设计成水墙，高6米，宽13米，当水瀑顺墙而下时，发出潺潺流水声，淹没了大街上的交通噪音，再配以主景水墙的灯光，一年四季都有不同景色；在广场的主空间，交错等距离种植了12棵乔木(刺槐树)，夏秋季节，树冠交织，形成室外空间的绿色大棚，使人们虽能身居闹市却又享受到大自然的景色；地面采用表面粗糙的花岗岩小方石块，铺砌成扇形图案，形成有趣的质感，并与水墙和左右墙面的处理协调；广场上还配置了可移动的白色轻便靠背椅及小圆桌，并供应部分食品与饮料，并有专人管理。晚间小园入口设有移动式控制门可关闭(图6.7和图6.8)。

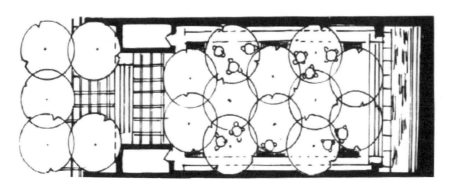

图 6.7　佩雷小广场平面

春景　　　　　　　　　　　秋景　　　　　　　白色轻便靠背椅及小圆桌

图 6.8　纽约佩雷小广场景观

　　现代城市广场越来越趋向于综合性发展，即城市中不少广场是起着多功能的作用，比如，无论传统的和现代的广场，一般都有休闲娱乐的性质，哪怕是功能十分明确的交通集散广场，也有供人们休憩之作用。通常大城市及一些中等城市往往布置有多种类型的广场，而小城市及县镇的广场类型则比较简单，可考虑综合利用，即一个广场，兼有多种功能。如体育场可以兼作群众性集会活动广场，在主要商业服务设施集中的道路交叉点或转角处设商业、文化活动广场、纪念性广场与公共活动广场等合在一起。

2. 不同形状的广场

　　从广场平面形态看，广场可分为规则形和不规则形两类。

　　规则广场如图 6.9 左所示，可以是由一个基本的几何图形构成，也可以由多个基本几何图形构成，如梵蒂冈圣彼得广场、巴黎协和广场、巴黎旺多姆广场、罗马市政广场、意大利锡耶纳坎波广场、北京天安门广场、法国南锡广场群等。从这些广场平面可以看出，规则形广场有较明显的纵横轴线，主要建筑物往往布置在主轴线的主要位置上，容易突出主题。而规则的复合型广场，则能提供更多样化的景观效果。

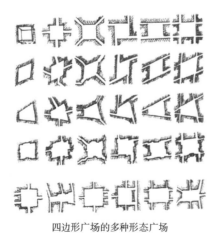 

四边形广场的多种形态广场　　　　　　　　三种基本形态及变形

图 6.9　规则形广场基本形态

不规则形广场又称自由形广场，是受多种原因影响所致，如用地条件、历史条件、环境条件、设计观念、建筑物布置要求等。这类广场普遍是在高度密集的城市空间中局部拓展的空间区域，具有较好的围合性，周边建筑的连续性构成了广场的边界，其形状完全自然地按建筑边界确定。设计时不刻意追求形状，而是抓住主题，形成规模适宜，视觉良好，独具风格，环境宜人的城市空间。

在广场设计中，对广场的平面形态不必去强求规整和对称。现在不少城市的广场设计偏爱规划形式，以至于增加拆迁量，也容易造成广场形状的千篇一律。事实上，不规则、不对称的广场比较容易形成自己的特色，首先在形状上就与其他不同，不规则的空间，可以通过周围建筑物给人以统一协调的印象。

历史上有很多广场是不规则、不对称的，如圣马可广场，对于不规则的空间，除非很有锐角，一般是不容易被人发觉的，甚至很不规则的空间，由于相邻建筑物的外墙面更加吸引人的注意力，所以给人的印象还是统一协调的。

3. 不同空间形态的广场

与上一类广场不同，这类广场是从剖面上来划分广场类别。

1) 平面型广场

此类广场是城市中最常见的，主要表现为广场空间在垂直方向没有变化或者变化很少，基本上处于相近水平层面。正因如此，容易出现广场缺乏层次感，景观特色单调的问题。所以，现代城市中的平面型广场比较注意利用局部地形高差的变化，变平铺直叙为错落有致，已经逐步在向立体化发展。

2) 空间型广场(立体型广场)

立体型广场不同于平面型广场的立体化，广场的整体在垂直向度上至少有两个差位的空间，城市平面为一个空间，另一个空间或高于、或低于城市平面空间，因此能解决不同交通的分流，也以此分为上升式广场和下沉式广场两种类型。

上升式广场多是把步行广场放到车行交通上，如图6.10所示。巴西圣保罗市的安汉根班广场就是一个成功的案例。该广场地处城市中心，过去曾是安汉根班河谷。在20世纪初被建成一条纯粹的交通走廊，逐渐失去了原有的景观特色，并且出现人车混行，导致了严重的城市问题。为此，在20世纪90年代进行了重新规划，设计的核心就是建设一座巨大的，面积达6公顷的上升式绿化广场，而将主要车流交通安排在低洼部分的隧道中。这项建设不仅把自然生态景观的特色重新带给了这一地区，而且有效增加了市中心的活力。

图6.11中大阪市中心广场的上升地面是一个步行区，其下层为公交车辆、小汽车站和停车场，以及通行层；下部为地下商场，三者既不干扰，又便于换乘、游憩和购物，为市民和旅客提供了极大的方便。然而开辟屋顶广场似乎更为常见，从以前的屋顶花园到如今的屋顶广场，都是为了节约城市用地，解决交通分流问题，增加城市景观。日本建筑师原广司利用现代科技创造了一个超高层、全立体的空中活动广场——大阪梅田天空之城。这一空中广场是随着高层大厦的建设同步进行，由地面庭园，逐层向上布置了喷水池、雕

塑、回廊、照明台阶塔、扶梯、电梯、桥梁、平台,直到170米高处的透明回廊。身临其境,犹如经历了一场遨游太空的旅行(图6.12)。

图 6.10　巴西圣保罗市安汉班根广场

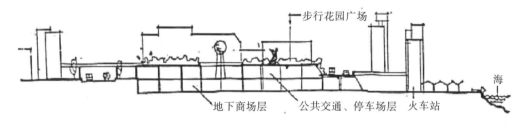

图 6.11　大阪市中心广场剖面

图 6.12　日本建筑师原广司的空中活动广场——大阪梅田天空之城

架空式广场最早建成的实例是瑞典斯德哥尔摩的卫星城魏林比(Vallingby)，这是一个5万人的独立新城。中心广场设计在一个比周围地面高7米的山丘顶上，铁路从广场下面穿过，有电动楼梯和广场相连。广场上是一个步行区，广场外围设置有车行道和停车场。由于广场设计富有特色，如喷泉、带花纹的地面砖、高低结合的建筑群，它不但成了该城的主要标志，而且在交通组织上取得了成功的经验。步行者在广场上，汽车在广场周围，与母城联系的主要交通工具——快速铁路则在广场底下，三者既不干扰，又便于换乘，为实现P+R的交通方式提供了便利(图6.13)。

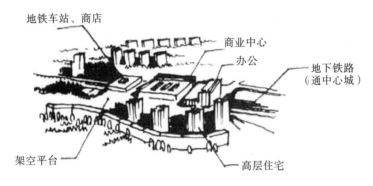

图6.13　架空广场——瑞典魏林比

下沉式广场(盆地式)与上升式广场相反，步行广场低于地面车行交通，这样既能解决不同交通的分流问题，又能在喧嚣的城市外部环境取得一个安全、宁静的广场空间，所以下沉式广场在当代城市建设中应用更多，特别是一些发达国家。由于高层建筑的箱形基础可以作为地下空间来利用，因此下沉式广场是高层建筑底部重要的公共空间，常常结合城市空间、入口空间、中厅空间来设计，能创造出令人难以忘怀的空间形象，并能够增强城市空间和建筑的趣味性和独特性。

如日本横滨Landmark塔(地标塔)下的下沉式广场，独特的广场空间造型不仅为居民提供了一个安静的休息场所，而且使塔楼的形象特征更加突出。图6.14是纽约洛克菲勒中心广场，它被认为是美国城市中最具有活力，最受欢迎的公共活动空间之一，广场规模较小，面积不到半公顷，但使用频率很高。冬天是人们溜冰的场所，其他季节则摆满了咖啡座和冷饮摊。该广场的魅力最主要是由于地面高差产生的，它采用4米深下沉的形式，大大吸引了人们的目光。在广场中轴线上还布置了峡谷花园，尽头是金色的普罗米修斯雕像和喷水池，它以褐色花岗石墙面为背景，成为广场的视觉中心。四周旗杆上飘扬着各国国旗。环绕广场的地下层里均设高级餐馆。

下沉式广场与上升式广场比较下的优点：

(1)不破坏原有的建筑环境。上升式广场因为高于地面，容易影响原有的建筑周围，带来视线干扰等问题。

(2)易形成一个封闭安静的独立环境，达到"闹中取静"的目的。在下沉地面上种树挖池，设置雕塑和小品，气氛静谧，鸟瞰效果极佳，可形成有特点的自然风景，适合开辟景致，气氛宜人的休憩区。

(3)可以达到更丰富的建筑效果，在下沉式广场上看周围建筑，会增加这些建筑的高度感，造成"看着高，其实不高"的视觉效果。

(4)不易对周围建筑产生噪声影响，而平面型和架空式广场上发出的噪声，往往会影响周围建筑的居民。

图 6.14　纽约洛克菲勒中心广场

第二节　广场设计的原则

广场设计是一种创造性的行为，为了做好一个广场的规划，必须遵循一定的基本原理和原则，并按照一定的工作程序，综合考虑广场设计的各种因素和各种需求，才能做出好的方案。总之掌握广场设计的基本方法是非常必需的，尽管它对我们主要是以指导意义为主。

广场设计要解决的不仅是设计技巧和具体的造型，设计原则及其思想方法也是首先要解决的问题，而这些设计原则应该是从生活实践中提炼出来的，我们应该注重以下几方面。

一、整体性原则

作为一个成功的广场设计，整体性是最重要的，它包括功能整体与环境整体两方面。

1. 功能整体

现代化广场设计的趋势之一就是要建设多功能复合性广场，即一个广场应具备多样功能。这里必须指出，在多种功能中需要有主次之分，也就是说任何一个广场都应该满足一定的主要的功能需求，即有一定的主要目的性，这样的广场才会有明确的主题，才有较强的实际意义。

一般广场的功能可以归纳为三种：即物质功能、精神功能和审美功能。物质需求是人们的基本需求，而精神、审美需求则是高层次的需求，通常希望它们在广场中能同时有所反映，以分别满足人们对广场的这种物质和精神需求。但对于不同类型的广场，由于人们的要求不同以及环境和景观设置的不同，广场的这三种功能肯定会分别有所侧重。功能整体也即是一个广场应有其相对明确的功能，在这个基础上，辅以相配合的次要功能，这样的广场才能主次分明，特色突出。例如纪念性广场。

纪念广场是以精神功能为主，物质和审美功能为辅。因为人们来到广场上会通过对主题思想和主体景观的理解与认识，而从中得到教育和感悟。主体是有一定纪念意义且反映精神内涵的景观，它的主题思想十分明确，并通过其主体景观表现出来。比如纪念某人的雕塑；纪念某一历史事件的纪念碑；纪念某一时代的纪念性建筑等。这类广场的整个组织是以反映主题思想的景观为中心，其余均处于次要的地位来烘托、渲染主题，以便营造某种气氛，表达某种特定的意义，达到给人们精神上带来寄托和启迪的目的。如哈尔滨的防汛纪念广场（图 6.15），是为了纪念 1957 年哈尔滨人民抗洪而修建的，因此广场的精神功能非常突出，即让人民在记住历史的同时受到教育和警示，防洪纪念碑就是反映这一主题思想的景观中心，整个广场的布局都围绕它在进行。首先是纪念碑本身的设计，它形象独特，采用碑式基座，其基座高度超过雕塑高度，圆弧槽线的西洋古典柱身造型，用环形青铜来作为过渡处理，使上部分立雕与下部分浮雕获得统一，且上部分雕塑起到点题的作用。其次，主要由半圆形的柱廊做烘托，将纪念碑环抱中央，更显出它的高大，形成宏伟庄严的气氛。第三，在空间上纪念碑具有良好的视觉条件，从景观上能满足最佳的视觉要求，它矗立于松花江畔，视线通透，视野开阔，同时作为城市主要道路中央大街的底景，其形象更为突出。这座防洪纪念碑早已在哈尔滨市民的心目中占有特殊地位，可见其精神内涵十分丰富。同时审美功能和物质功能也不缺少。纪念碑独特的形象，广场空间良好的视觉条件，就是为了满足人们的审美需求，而广场设置的绿地、座椅、石凳、步道、台阶等又是为了满足人们的物质需求。正是由于二者的配合，才使哈尔滨防洪纪念广场既主次鲜明，又能满足人们的不同需求。这就是广场设计做好功能整体的目的。

图 6.15　哈尔滨防汛纪念广场碑

2. 环境整体

环境整体同样重要，它主要考虑广场环境的历史文化内涵、整体与局部、周边建筑的协调等问题。特别是在广场建设中，要妥善处理好新老建筑的关系，以取得统一的环境整体效果。

在城市中，旧的建筑量大，分布广，是城市空间的基调。大多数的新建筑需要在已有的空间环境中发展和扎根。因此在同一个可见的空间中，不同时期建筑的共存是不可避免的。它们的共存、共处构成了环境的多样与协调，并使得环境更具意义，所以应该予以重视。这里所说的旧建筑不仅仅指有重要历史价值和文物价值的建筑，也包括一般性建筑。在建设中的总规则，除一些有重要历史价值和文物价值的古建筑应该受到保护外，一般的旧建筑在与新建筑和谐结合时应该进行合理的改造与利用，使其融入改建后的新空间中去。对于广场环境来说，能够丰富广场的内容，增强其文化的内涵，表现时空连续性，提高观赏性是极其重要的。

为了使新旧建筑有机结合，和谐协调，具体处理方法如下。

1) 相似和谐

此方法重在保持与原有对象的一致性和相似性，如在形、质、色方面存有一定的共同之处而求得完整统一，达到宁静、温和的总体效果。

例如，意大利佛罗伦萨亚南泽塔广场，始建于 1427 年，完成于 1629 年，历时 202 年。至今人们始终认为这是一个很有特色的广场，其特色之处即是指广场的完美和谐，而它是通过广场上不同时期的三幢建筑，采用风格形式上的统一而体现出来的(图 6.16)。1427 年由第一个人设计建成了右侧的医院建筑，其建筑特色采用了拱廊；1454 年第二个设计者米开罗佐在设计教堂时，肯定了前者创新的形式，决定与之协调，即采用了相同的拱廊，因为是教堂建筑，仅仅是作了一些不同的处理；直到 1629 年第三个设计者在建造左侧的建筑时，又随从了前人的手法，在育婴堂对面修建了与广场上原有的两幢建筑风格

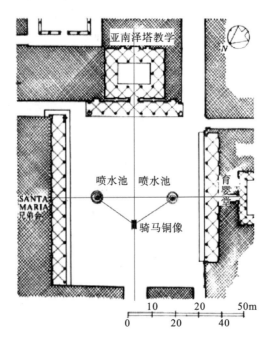

图 6.16　亚南泽塔广场平面

形式的第三幢建筑,最终构成了完美的广场格局。在202年期间,先后的三位设计者却和谐地共同塑造了同一个城市空间,给人留下美好的印象(图6.17和图6.18)。在建筑围合的矩形广场中,有三个垂直面带有柱廊,使三个虽然断开的角,产生了视觉上的连续感,加之连续的地面铺装和中心感的雕塑,进一步加强了广场空间的整体性和向心性,这里三个拱廊立面对形成良好的空间气氛起到了很大的作用。从整体上来看,这是一个时间延续很长,出场人物众多的集体项目,由于大家相互尊重对方和前辈,从而形成一个完整的外部空间。

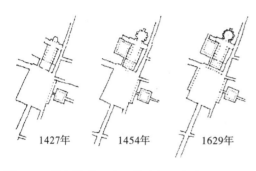

图6.17　佛罗伦萨亚南泽塔广场形态演化过程　　　图6.18　不同时期建筑风格形式上的统一

2)对比和谐

此方法与相似和谐反其道而行之,它是以刻意突出与原有对象个性的差异和不同,采用曲与直、高与低、垂直于水平等对比手法达到协调统一,以获得鲜明生动、活力十足、动感强烈的总体效果。

例如波士顿科普利广场。广场上引人注目的古典教堂与汉考克大厦正是通过曲线与直线、高与低、粗糙与光滑、简单与复杂、规则与不规则等强烈的对比反差,而取得了整体的和谐统一,增强了广场的景观效果(图6.19)。

图6.20是波士顿的另一个广场。广场上的新、旧建筑也是采用形式、色彩、质感等对比的手法求得了相互的和谐交融,成为广场的一大特色。

图6.19　波士顿科普利广场　　　图6.20　波士顿某广场

再比如意大利圣马可广场，它经历的建设时期更长，是通过以相似和谐为主，对比和谐为辅的手法，使广场环境取得了完美统一的整体效果(图6.21)。

当然，追求环境的整体效果，还可以采用渐次变化，借鉴连续体等不同的方法。如旧金山的吉拉德利广场，是举世公认的把保存的旧建筑改造为现代用途的成功案例。它在一座被废弃的基地上，合理利用原有的建筑，适当增加一些新建筑，再用金属和玻璃组成回廊、楼梯、竖井等，把各幢新、旧建筑连接成一个整体，并围合成两个广场(图6.22)。

图6.21　意大利圣马可广场

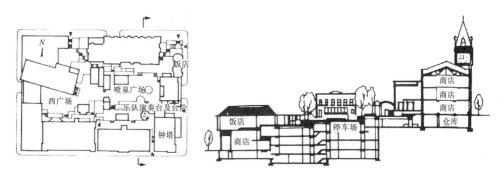

图6.22　旧金山吉拉德利广场平面及广场剖面

二、生态性原则

体现可持续发展的生态思想，是城市规划与城市设计必须遵循的一大原则。

广场作为整个城市开放空间体系中的一部分，与城市整体的生态环境联系紧密，因而强调生态原则十分重要。广场设计的生态性原则主要从两个方面体现。一方面是规划的绿地、花草、树木应与当地的生态条件相适宜；另一方面，广场设计要充分考虑本身的生态合理性，注意利用阳光、地形、植物、水体等趋利避害。

例如，纽约市中心区的佩雷小广场(图6.8)，在这个仅有390.4平方米的十分有限的空间里，设计者利用绿色攀缘植物，流水潺潺的水墙，高大茂盛的乔木营造了大自然的景色，让人们身居闹市却领略和体会到大自然带来的自由、清新和愉快。应该说佩雷小广场的设计充分体现了自然生态的原则，所以深受市民的喜爱，不分昼夜，总是高朋满座。

图 6.23 是广东省茂名市的一个公园的入口广场，也是城市广场。广场规划设计者抓住这个热带城市气候炎热的特点，形成了设计者的立足点与成功的设计思路：

第一点：制造阴影。由于广场是开放空间，带顶的东西不宜过多。而地面创造不了阴影，四面又不能用实墙，否则会挡风且不透气，于是想到了利用树。设计者利用大王椰、棕榈、槟榔等热带树种，按照 2 米左右的株距密植，从而形成阴影。同时，由于树干挺拔，采取列植方式形似柱廊，很具地方传统特色。

第二点：利用喷泉水降温。选择适当地段将喷泉布置在步道上，喷水高度仅 20 厘米，当人们感到高温难忍时，可以进去水区冲凉，这不仅具有实用性，还具趣味性。

第三点：增加自然景色。运用传统园林设计方法，在广场上堆砌小山，在上面进行绿化，并设置一座典型的中国园林建筑——亭。

利用植物密植制造阴影　　　　　　　利用喷泉水降温　　　　　　堆山置亭增加自然景色

图 6.23　广东省茂名市城市广场

这样的设计不仅明显增加了广场的景观色彩，而且也非常适合一个公园入口广场的布置。从总体上看，茂名市的这个广场在生态性原则方面的体现是很充分的，广场设计中生态性原则所体现的两方面都在其中。

21 世纪初始，我国很多地方都还存在广场设计中只注重硬质景观效果，泛大且空，植物仅仅作为点缀和装饰，疏远人与自然关系等问题。可喜的是，近十多年来，已有越来越多的城市积极回应并认真对待生态城市的建设，在城市中心地区开辟大量的广场绿化空间。如上海、大连、南京、青岛等地发展很快。不过，值得注意的是，我们不仅要重视城市整体生态建设，还应该多注重立体绿化，以增强其实用价值及生态价值。例如北海、深圳等地的广场立体绿化做得很成功（图 6.24～图 6.26）。

图 6.24　深圳龙岗区龙城广场　　　　　　　图 6.25　北海北部湾广场

图 6.26　北海北部湾广场内一角

三、多样性原则

多样性是指广场在具有主导功能的同时，还应该具有多样化的空间表现形式和特点。广场是为人的需要而设置的，在进行广场设计时，除了要考虑大多数和普遍人群的需要，还要综合兼顾特殊人群，如残疾人的使用要求。因为广场是市民活动的平台，人们共享的空间，任何人都可以使用它，残疾也不例外。因此，在广场规划与设计时，必须根据残疾人的缺陷与弱点做出无障碍设计。另外，设置在广场上的设施性质和建筑功能也要求多样化，因为它们是为人们服务的，就应该满足人们的多样化需求，所以广场上的设施和建筑应该是集纪念性、艺术性、娱乐性、文化性、休闲型、服务型兼并为一体。

以上所述的广场设计三大原则，实际上综括起来就是以人为本的原则。在广场规划设计中只要充分考虑全体大众的需求，以大众心理上、行为上、生理上为基础，坚持贯彻整体性、生态性和多样性原则，就能让城市广场真正成为为人享受、为人喜欢、为人向往的公共活动空间。

第三节　广场设计原理与方法

一、广场的布局与构思

开展任何一个广场的规划设计，首先要有全局观念，必须考虑三方面的问题：形象、功能和环境。

形象对应景观。富有特色的广场景观不仅仅能满足人们的审美需求，成为市民心中的形象，还能创造城市形象。城市广场是城市形象最显著的形象代表，可以成为城市的标志和象征，也可以打造城市的品牌。特别是位于城市中心区或城市入口处的广场，如市民广场、中心广场、站前广场等，具有窗口形象和门户地位。城市广场常被作为城市空间形态中的重要节点。所谓节点是指城市中的战略要点，如道路交叉口、车站码头等出入口、方向转换处，或者是控制整体空间环境的视觉中心等，亦被称为城市的"核"，是居民可以进入并参与社交活动的焦点，也是城市形象的构成要素之一。由此可见，广场在城市中有十分重要的地位，所以必须重视它的形象问题。

功能对应使用。不同的情况会产生不同的使用要求，我们谈及功能和使用，其核心问题就是人，在考虑满足人的物质需求的同时，也要满足人的精神需求。

环境对应生态作用与绿化作用。现代城市中的居民，希望更多地接触大自然，因此在广场设计中应建造更多的利用自然环境因素较多的"绿色广场"。但不能简单地套用古典园林造园手法，应追求广场设计构思的独创性。

1. 广场的布局

以上三方面是我们在做任何一个广场规划时都必须考虑的问题，它们在设计中怎样体现，其中非常重要一点就是一定要做好广场的总平面布置，也即平面布局一定要清晰、合理。布局结构清晰将会大大增强人们在这一场所的安全感、自我感和秩序感，从而产生美感。要做到这一点，主要依靠"功能分区明确、交通流线清晰、主体形象突出以及构图简洁明快"。

一般情况下，广场需要许多部分来组成，设计时要根据各部分功能的相互关系，把它们组合成相对独立的单元，使广场布局既分区明确，又能使用方便。

人在广场环境中活动，并以人的步行交通成为广场中的活动主体。所以广场交通流线设计要以为人们创造安全、舒适的步行环境为主来进行全盘考虑，使各个部分相互联系方便、快捷。从主要考虑人的步行活动来看，为了给人提供便捷的路线，广场布局应按人的行走习惯来设计。有人专门对人在某广场上的行走路线做了记录(图6.27)，发现几乎每个人都是以最短路线穿过广场，说明了人们在步行时都有爱抄近路的习惯。当然广场上供人行走的地方不是都必须铺出一条道路来，只是在广场上设置小品、绿地、建筑及其他设施时应该注意按人的行走习惯留出通行空间。

其实凡是室外道路，不一定仅限广场，都应该按人的行走习惯设计。如图6.28中三幢建筑围合的一个室外空间，为了方便三者之间的联系，让人尽量能走便捷的路线，同时结合空间变化与景观效果，设计了图中所示的步行小道。这样的设计既满足了人们行路的需要，又具有自然、流畅的效果。

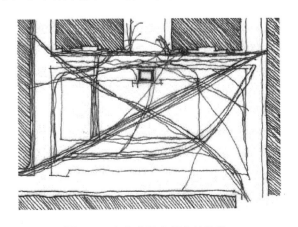

图6.27　人在广场上行走的轨迹

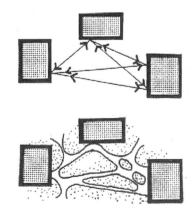

图6.28　**室外道路设计**

抓住广场的主体内容作为设计重点。如以精神功能为主的广场，主体具有纪念意义，重点是反映精神内涵的景观；以物质功能为主的广场，人是主体；以审美功能为主的广场，主体需经过艺术加工，给人带来美的享受的景观。设计时要善于抓住主题，善于利用处于从属地位的环境要素来烘托和渲染主体，使主体形象更为突出。

总体构图不要刻意追求某种形式，只要能突出广场主题特征，有丰富的空间环境，体现服务于人的思想，构图上越简化越好。当然，简化也不可走极端，不能简化到仅仅一块空地，主题与功能作用一无所有是不行的，所以，构图的简化要有前提。因为这样既符合规划中讲究的经济合理性，又容易使广场形成各自的风格。但如果一味追求某种形式，甚至盲目模仿，将会适得其反。日本筑波科学城中心广场就是一例，如图 6.29 和图 6.30，可明显看出它们的相似之处。一个是文艺复兴时期的作品，另一个却是现代广场。二者如此相似是因为筑波科学城中心广场的设计大量采用了古罗马卡多比广场的设计理念，从中提取了四种要素，作了一些变换处理。不同之处如下：

(1) 人们从下往上抵达罗马市政广场，而进入筑波广场则是由上往下；

(2) 卡比多广场是深色铺地，白色条纹，而筑波广场则是浅灰色铺地深色条纹；

(3) 卡比多广场地坪向中心隆起，呈凸形，而筑波广场则是凹型；

(4) 卡比多广场中心是实体雕像，而筑波广场中心为一小型泡沫喷泉，且由西北角流淌而下的泉水在椭圆中心处喷出，消失成为虚无。

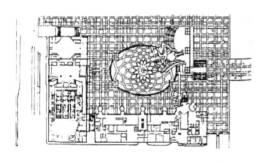
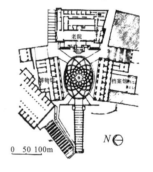

图 6.29　日本筑波科学城中心广场　　　　图 6.30　罗马卡比多市政广场

这四种变化处理，有人认为此设计虽然运用了历史上的形式，但却忽略了其意义，实际上把历史肢解以后再做重新拼贴组装，给人以虚假的印象，也失去了自己的特色。

事实上，古今中外凡是比较好的广场，在平面布局上基本都能做到清晰、合理，构图简洁。如意大利圣马可广场、天安门广场、坎波广场、澳大利亚墨尔本市政广场、纽约洛克菲勒中心广场、波士顿科普利广场、南京汉中门广场、哈尔滨防汛纪念广场及太原市"五一"广场等。

深圳市龙岗区龙城广场是龙岗区中心城的中心广场，集文化、娱乐、休憩于一体。它是为创建优质环境及庆祝香港回归而建立的。它于 1996 年开建，一年时间建成后，1998 年便获得建设部优秀城市规划设计二等奖和广东省"十佳广场"称号，同时也成为城市重要的标志和对外交流的窗口。

该广场位于龙岗区中心城城市主轴线上，北面为区政府，两侧分别布置博物馆、图书馆、展览馆等。广场用地基本规则(图 6.31)。

规划突出了广场群的组合设计，采用连续广场布局塑造城市富有变化的开敞空间。设计结合场地环境，采用对称布局在主要中轴线上由北向南依次布置市政广场、下沉音乐广场和龙之根雕塑广场，以此形成一条由区政府贯穿广场的景观轴，并以龙之根雕塑广场上的大型"龙"雕作为中轴线南部的结点，使中轴线至此变为围绕龙雕的放射状轴线向四面扩展，这正好结合了场地的变化，场地由此外展。

市政广场处于区政府对面，以铺地为主，以大型跌水喷水池为核心，两侧设置两排彩旗旗杆，主要为集会、庆典所用。

下沉音乐广场是整个广场的中心，中央下沉，周边以高大的花境包围，再以现代廊柱界定。

龙之根雕塑广场以龙雕为中心，也以铺地为主，可供大型文体表演使用。

在市政广场和音乐广场两侧布置若干主题小广场和休闲绿地，作为人们休闲、交谈、观赏、儿童游乐的场所。

广场中心以一连串的水池喷泉、叠泉雕塑作为轴线和纽带，形成动静结合，高低错落，生动活泼的空间层次。并以叠泉、喷泉、廊柱、旗杆、铺地图案、绿化以及建筑小品等的布置，围合或分割空间，形成各个相宜的空间环境，烘托广场的气氛，如图 6.32 所示。

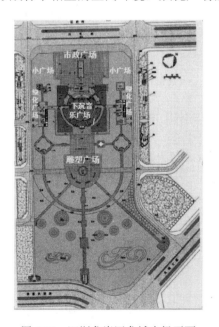

图 6.31　深圳龙岗区龙城广场平面

下沉广场的龙之根雕塑   下沉广场及周围的廊柱

图 6.32　深圳龙岗区龙城广场

2. 广场的构思

在广场总体设计构思中，总的来说，既要考虑它使用的功能性、经济性、艺术性等内在要素，同时还要考虑当地的历史文化背景、城市规划要求、周围环境以及基地条件等外界因素。

以图 6.33 中绍兴鲁迅文化广场为例。鲁迅文化广场坐落在绍兴市鲁迅馆路口的两条道路交叉口旁。它的设计构思首先考虑了城市规划要求：即解决两条路与广场的相交关系，即此交叉口与广场主要出入口的关系。于是将广场的轴线选取在没有正对两条路交叉口的地方。另外，主要以绍兴的历史文化为背景，周围的环境等为条件进行广场的设计。其设计特点为

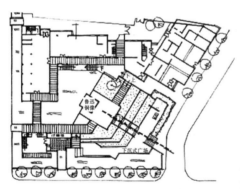

图 6.33　绍兴鲁迅文化广场

(1)纪念性。利用当地历史文化背景来体现主题，绍兴是鲁迅的故乡，鲁迅文化广场是纪念性广场，所以广场的"中心"或主体是鲁迅铜像。为了突出主体，表达纪念性，设计利用了不同高度的地形处理：首先在广场外围地面作下沉处理，然后向上层层拉高，最终到达铜像处。这充分显示出形象的渐高感和尊敬感。这样的处理手法让人们犹若身临其境，必然有所感受。然而鲁迅先生的"本意"并不希望自己成为一个高于众人的"伟人"，而愿意做一个人民的文学家，一个为大众呐喊的作家。于是设计者又运用水平线条，如台阶、绿化带以及周围低平的建筑来表达这样的情态。广场在轴线处理上也比较成功，它采用局部对称的方式，或者说用对称与非对称的交替方式，确切地把握了鲁迅的形象：伟大而富有大众精神。

(2)人情味。结合广场周围环境、基地条件来加以表现，采用非对称性构图，使得广场虽不显庄严，但却富有情韵。充分利用水乡河道，部分采用下沉式，一直将广场深入到

贴近水面处，正合乎水乡意蕴。水使广场更有生机，水让人联想到绍兴水乡，联想到鲁迅先生和他的作品。

(3)地方性。设计中充分利用了绍兴特有的历史文化及其环境条件，使广场必然反映出强烈的地方性。这一广场的地方性有两层意思：一层是江南水乡，即水的处理和作用；另一层意思，就是它的内涵，即属于绍兴的，属于鲁迅的，它是通过广场周围建筑的形象或题名，如鲁镇茶馆、朝花摄影社等来实现的。

二、广场的艺术处理

比较完美的广场设计，不仅讲究功能性、经济性、实用性和坚固性等，还必须要有一定的艺术性，所以需做到对广场进行艺术处理。即要求广场有适合的比例与尺度；需要良好的总体布局、平面布置、空间组合以及细部设计的相配合；能考虑到材料、色彩和建造技术之间的相互关系，从而形成较为统一的具有艺术特色的整体造型。如洛杉矶的珀欣广场，无论从总体布局、平面布置和空间组合，还是从色彩、线条以及细部处理方面都有很强的艺术性，是一个整体造型十分优美的广场实例(图 6.34)。

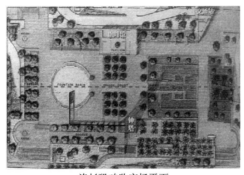

洛杉矶珀欣广场平面　　　　　　　　在中轴线上由西向东的景观

图 6.34　美国洛杉矶珀欣广场

珀欣广场位于两条道路之间，其历史可追溯到 1866 年。从那时起，广场曾重新设计多次，直到 20 世纪 90 年代初又做了重新设计和建造。

广场总体布局非常清晰。在东西向轴线上，地面标高由低到高有所变化，由西向东依次为水池、橘树园、绿化休闲区、下沉露天剧场。剧场可容纳 2000 人，舞台的标志是四棵棕榈树；其北有咖啡馆和三角形的交通停靠站；南部耸立一座 38 米约十层楼高的钟塔，与此相连的导水墙一直延伸到水池中央，在钟塔边上有 48 棵高大的棕榈形成的棕榈树庭。在广场的四个角上都安排了步行人流使用的坡道入口，并排的树阵限定了广场的边界，使得广场视线通透。广场空间与外部空间有明显划分，还减弱了环绕广场的交通影响。

珀欣广场艺术处理的出色之处表现在：

(1)设计中运用了对称的平面，如东西轴线上的圆形水池、正方形剧场、橘树园、绿化休闲区等，但是被不对称却整体均衡的竖向元素打破，如塔、墙、咖啡店、交通站。

(2)运用园林造景手法，在导水墙上开了方形窗洞，成为从广场看毗邻小花园的景窗。从导水墙喷起的水落入水池中央并起起落落，模仿潮汐涨落的规律，每八分钟一个循环。

(3)运用色彩表现出广场清新、开朗和愉悦的气氛，在粉红色混凝土主色调上，辅之以黄色、紫色和绿色，使广场活跃且富有生气。

总之，这是美国商业区新建的比较成功的广场之一。广场的艺术处理还与广场的性质有关，一般实用性较强的交通性广场，它的实用效果是首要的，艺术处理处于次要地位；对于政治广场、纪念广场的艺术设计要求就比较高。比如，在一个要求可达性和适用性很强的交通性广场上布置小桥流水，或者在市民活动集中的中心广场只提供一块空旷的场地而毫无依靠物，都不适用且不经济，也很不利于广场性格的塑造。

政治、纪念性广场严谨、庄重；休闲性广场自由、轻松、优雅。

三、广场的特色创造

特色就是个性，个性就是与众不同。广场的特色就是指一个国家和民族在特定的城市中所体现出来的时代性、民族性和地方性，使它表现出与其他广场不同的内在本质和外部特性。它能使人们产生区别于其他广场的印象。

个性特色的创造不是简单地对环境"梳妆打扮，涂脂抹粉"；也不是靠套用别人现存模式，或设计师心血来潮的凭空臆造。它要求对城市广场的功能、区位与周围环境的关系进行分析，在了解当地文化传统、风俗民情的基础上，利用新技术、新工艺、新材料和新手法，追求新的创意，才能使城市广场既有鲜明的地方特色，又有强烈的时代特征。一个有个性特色的城市广场，不仅使市民感到亲切和愉悦，而且能唤起他们强烈的自豪感和归属感，从而更加热爱他们的城市和国家。

如上海人民广场完美体现了上海个性特色、富有现代气息。上海人民广场属道路围合型广场。1994年，在原有以政治集会为主的基础上改建为以绿化为主的休闲旅游观光广场，具有观赏、游览、休闲、文化等多功能。广场的总平面以一轴六面构成，简洁、大方、清晰、明快，以市政大厦(为市政广场、人大、政协、机关所在地)、中心广场、博物馆形成的轴线构成了主体骨架。中心广场以硬地喷泉为主，博物馆以建筑取胜，其余四大块均以大面积绿化为主，保障了广场的完整性。而广场内部道路布局满足了交通、消防、游览、休息等多种功能(图6.35)。

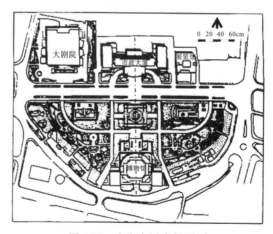

图6.35　上海人民广场平面

　　该广场位于市中心,由原殖民地时期的跑马场改造而成。市政大厦为一座超高层建筑,左右两边为后来增建的展览馆和大剧院,表现出独特的造型,它们的存在使广场空间更为完整(图6.36)。

人民广场全景

从广场看博物馆

博物馆夜景

从广场看市政大厦和大剧院

城市规划展览馆

图 6.36　上海人民广场景观

　　中心广场命名"浦江之光",是人民广场的活动核心和主题广场,它以强烈的上海特色尽情表现了这座城市的历史文化和未来的发展。用上海市简图作为喷泉的底面,以上海历史文化为题材设置了六幅浮雕:即申、沪、纺织始祖、科技先驱、和平、友谊(图6.37)。这些特定的形式使"浦江之光"广场具有充实的文化内涵,为广场赋予思想的灵魂,使人民广场具有强烈的上海特色。

而广场上独创的大型旱地喷泉，由于采用声光合一的灯光设计，使夜晚的广场比白昼更加绚丽多姿，令人赞叹不已（图6.38）。

图6.37　上海简图作喷泉底面　　　　图6.38　广场声光喷泉夜景

广场地处市中心，邻近有著名的商业街南京路，有上海美术馆，广场上又有市政府大楼、上海博物馆、上海大剧院、上海市城市规划展览馆等。造型新颖的建筑楼群强化了广场的空间艺术语言，为广场注入了生机，吸引了成千上万的市民、游客前来观光、游览，成为市民心目中引以为豪的形象，也是市民社会活动的中心。

四、广场设计手法

建筑学中关于手法的解释很复杂，但我们可以简单地把手法理解为方法，同时要明确手法与方法有所不同。方法一般指具体的操作技术，而手法相对来说比较抽象，主要涉及设计对象的形式和风格上的问题。对于广场的设计而言，确定其总体布局形式和风格特色又十分需要，因此我们有必要弄清楚关于广场形式的设计手法。

人们在做广场设计时总会运用形式美的规律，即多样而统一的法则。所谓多样而统一意指在统一中存在变化，在变化中寻求统一的方法。反之，仅仅只有多样性就会显得杂乱而无序，仅仅只有统一性又会显得死板、单调。所以，一切艺术设计的形式中都必须遵循这个规律——即多样而统一的有机结合。

下面的几种设计手法，在设计应用时，需要根据实际对象，灵活地掌握和运用。

1. 广场形式的轴线控制法

这里提到的轴线其实并不存在，但它却让人能感觉到它，因此它具有控制广场布局的作用。广场上的各种空间要素，需按轴线对称关系进行设计。运用这种设计手法，能够使广场布局严整、规则，形成庄重、肃穆、雄伟的气氛。所以，古今中外有不少纪念性广场或政治集会功能较强的市政广场、中心广场都采用了这种轴线设计法。为了突出广场主体的崇高性、纪念性，一般都将其布置在中轴线上，形成广场的视觉中心（图6.39）。

如天安门广场、古罗马圣彼得广场、巴黎南锡中心广场群、华盛顿中心区纪念广场、罗马市政广场、巴黎旺多姆广场、南京中山陵纪念广场、巴黎明星广场等（图6.40）。

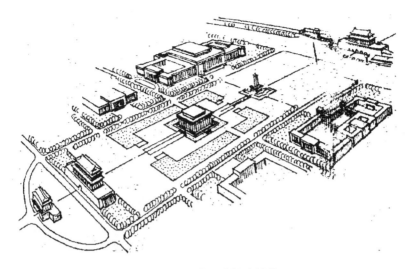

图 6.39　天安门广场中轴线

圣彼得广场中轴线上的方尖碑

中轴线上的圣彼得大教堂

旺多姆广场中轴线

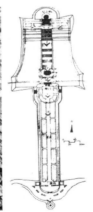

中山陵广场中轴线

华盛顿纪念碑广场中轴线

明星广场轴线

图 6.40　纪念性、政治性广场的轴线设计

　　当然，也有一些广场虽采用轴线对称布局，但并不为追求严整、庄重，而是为了获取简洁、明快、大方和清晰的效果，如上海人民广场、凡尔赛宫前广场、纽约洛克菲勒中心广场、洛杉矶珀欣广场等(图 6.41)。所以，轴线设计法不一定仅仅为纪念性或政治性广场所采用。

凡尔赛宫前广场鸟瞰

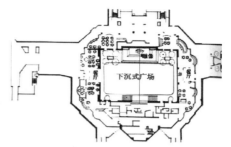

纽约洛克菲勒中心广场平面

峡谷花园轴线设计

轴线尽头的普罗米修斯雕像

图 6.41　简洁明快的广场轴线设计

2. 广场形式的母题设计法

在广场空间各构成要素的界面和造型处理中，采用一个或两个母题形式或符号，如某种形状、色调、线条等，或某种处理方式、某种设计手法等，在设计中，把它们的某一种元素反复的使用、复制，然后进行排列组合或变化，使广场具有整体感，以达到相互向心的协调统一。如威尼斯的圣马可广场，平面形状以梯形为母题进行排列组合，周围各建筑的主面以拱券为基本母题，不仅使建筑物协调一致，也使整个广场达到和谐统一（图 6.42）。又如意大利佛罗伦萨的南泽塔广场。广场上的立面建筑物都采用了拱廊这一母题形式，形成了广场完整而又统一的空间（图 6.43）。

图 6.42　采用梯形、拱券作为母题

图 6.43　以拱廊为母题

比如古罗马帝国广场群，平面形状以矩形为母题，进行排列组合（图6.44）；而每个广场均采用轴线对称布局这种方式，从而使广场空间相互垂直，构成群体统一，形成与其他广场群不同的个性（图6.45）。如华盛顿中心区纪念广场群、法国南锡广场群，它们均是将不同广场空间摆在一条轴线上（图6.46）。

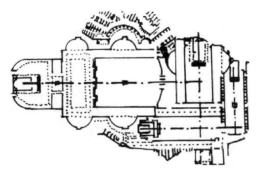

图6.44　以矩形及轴线对称布局手法为母题

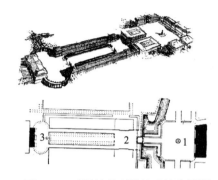

图6.45　以轴线控制设计手法为母题

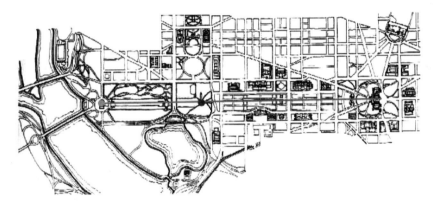

图6.46　华盛顿中心区纪念广场群中轴线

3. 广场形式的特异变换法

广场以一定的形式、结构以及关联的要素形成主旋律，然后加入局部不同形状或组合方式等的变换使得广场形式更为丰富和灵活。如洛杉矶珀欣广场的平面被不对称的竖形打破，使广场形势变得活跃，避免了呆板（图6.34）。

如绍兴鲁迅文化广场的布局，是在不对称中求得均衡。由于采用了局部对称的方式，使得原本非对称布局所形成的自由性融入了对称的庄重性，体现了广场的纪念意义（图6.33）。相反，哈尔滨防汛纪念广场则是在对称中求不均衡，使得广场庄重、严整、规则的情态有所减弱，加入了几分自由与灵活，形成与左侧斯大林公园比较自然的过渡（图6.15）。

4. 广场形式的隐喻、象征设计法

这种手法无须直白的表露，而是将想要反映的某种思想、内容或主题经过提炼处理后再表现出来，让人在联想中得到收获。运用这种手法设计的最有代表性的广场是美国新奥尔良市的意大利广场。它是由美国建筑师查尔斯·摩尔设计，是根据意大利侨民社区的侨

民渴望有一个反映他们民族特色的社区广场的心理需求,用一些象征意大利故乡的建筑符号组合而成。它使侨民们身临其中,感到一种"侨民千里外,他乡遇故知"的感受和民族凝聚力,同侨民的心灵产生直接对话,达到了一种亲和的效果。

该广场位于新奥尔良的意大利后裔集中的街区,修建这个广场是想表达新奥尔良市对意大利后裔的平等观念。联结和增进新奥尔良市民与意大利人的友谊、团结。因此,设计中表现了很强的意大利文化(图 6.47)。

图 6.47　新奥尔良意大利广场平面

意大利广场为圆形,四周道路用浅色的花岗岩和深色的木板铺出同心圆图案,再在其上通过柱式、喷泉、地图表现意大利的传统文化。广场的一角向中心伸出 80 英尺长、带有等高线的意大利地图。地图位于大水池中,象征意大利位于地中海。喷泉由五座半环绕在广场后部的柱廊组成,它们分别代表古罗马时期五件不同的柱式——多立克柱式、爱奥尼克柱式、科林斯柱式、塔司干柱式和混合式。水是从各柱式顶上以不同方式流下来,然后形成三条水流,分别象征意大利境内的阿尔诺河、波河与台伯河三条河流,它们是意大利文明的发源地。在广场中心是砌成的西西里岛,隐喻意大利移民来自这里。

广场通过运用一系列隐喻和象征手法,不仅引起了当地意大利居民对祖国的怀念,更增强了他们对新奥尔良市的热爱和与新奥尔良市民的友谊,同时这种手法的运用也使广场的纪念、象征意义十分突出,主题思想十分鲜明。所以,这个广场多年来是美国所有城市中最具有意义和个性且充满亲切感的广场。

新奥尔良市的意大利广场,不管它的形式多么别具一格,它最基本的作用还是整合建筑间的空地,产生的变化来自圆形放射线的局部(图 6.48)。

图 6.48　广场局部景观

南京市汉中门广场上的绿地布置和铺地图案均采用方格形式,隐喻中国古代城市的方格网布局形式,有助于让人产生对这座历史古城的联想,绿地的"田"字形组合,又象征了都市中心的田园,让人感到广场上较强烈的时代感。这就是广场形式的隐喻、象征设计手法。不过,这个广场最终表现可以说是轴线控制法、特异变化法(对称和不对称)、隐喻象征法的结合(图 6.49)。

图 6.49 汉中门广场

第四节 广场空间的环境设计

广场空间环境设计包括形体环境设计和社会环境设计两个方面。形体环境包括建筑、道路、树木、场地、座椅等所形成的的物质环境;社会环境包括各类社会活动所形成的环境,以及人的心理感应与产生的行为活动,如欣赏、嬉戏、交往、聚会、购物以及犯罪等。前者为社会生活提供了场所,对社会行为起到容纳和限制作用。二者如果能相互适应,形体环境就能够满足人的生理和心理需求。在广场空间环境设计中,它们二者的关系表现为社会环境是设计的基础和依据,形体环境是设计的具体内容,并将通过社会环境来评价其效果。其中,以形体环境设计为主,一般只要这方面设计合理,是能与社会环境相互适应的。单从形体环境来说,比较理想的广场应该是周围建筑物明显地能将广场划分出来,尺度宜人,广场是朝南的,有足够的座位和人行活动的铺地,喷泉、树木、小商店、茶座等设施齐全,有较好的可达性等。当然,做广场设计不能只考虑形体环境所包的各种因素,一个广场在形体环境方面效果如何,是通过社会环境来衡量的。具体来说,它是通过人的心理感受和行为活动来评价的。所以,进行形体环境设计,应该以社会环境为基础和依据。在进行广场空间环境设计时,应注意以下几方面。

一、广场用地类型与构成

1. 广场用地类型

广场用地的类型包括铺装用地、绿化用地、通道用地和附属建筑用地四种。从规划设计和管理的角度,城市广场用地可作如下分类。

1)按使用功能和外观特征划分

(1)铺装场地。指承载市民集会、表演、赏景、游憩、交往和锻炼等广场活动行为,用各种硬质材料铺装的用地。

广场最基本的功能是容纳市民的户外活动，铺装场地正是以其简单而具有较大的宽容性，可以适应市民多种多样的活动需要。

铺装场地还可划分为复合功能功能场地和专用场地两种亚类型：①复合功能场地：没有特殊的设计要求，不需要配置专门的设施，是广场铺装场地的主要组成部分；②专用场地：在设计或设施配置上具有一定的要求，如露天表演场地，某些专用的儿童游乐场地等。

（2）绿化用地。指广场上成片的乔木、灌木、花卉、草坪及水面等用地。

广场是城市生态系统的重要组成部分，其中的绿地作为对城市过度强化的人工环境的一种平衡，发挥着不可替代的作用。正是因为这种原因，现代城市广场的绿地比例大大高于传统城市的广场，广场面积越大，绿地比例亦越大。通过精心配置而形成的广场绿地，具有围蔽、遮挡、划分、联结、导向的作用，可以对广场空间环境气氛进行烘托和渲染。

依据市民是否可以入内活动，该类用地可分为两种亚类型：①人可进入的绿化用地：以承载市民各种活动为主要功能，乔木宜用高大，荫浓的种类，树木枝下净空应大于2.2米。②人不可进入的绿地：以调节人的心理与精神，增加景观的观赏性为主要功能。阳光颤动下的绿叶红花，微风拂面的舒畅，水面的映趣和水景的千姿百态正是广场最富魅力的所在。

（3）通道。指广场中主要用作人、车通行的用地。它是为联系不同的广场区域而设置的专用空间。可按宽度划分为主要通道与园路两种亚类型。依据广场规模的大小，主要通道宽度为3~6米，园路的宽度为1~3米。

需要加以指出的是，广场作为人群聚集的场所，把通道与活动场地结合布置，既能解决人流高峰时的交通疏散问题，又可在平日人流不多时兼做活动场地，提高场地空间的利用率。

（4）附属建筑用地。指广场上各类建筑基地所占用的用地。主要建筑类型有：游憩类：如亭、廊、榭等。服务类：如商品部、茶室、摄影部等。公用及维护类：如厕所、变电室、泵房、垃圾收集站等。管理类：如广场管理处、治安办公室、广播室等。

这类用地所占面积不大，但却是不可缺少的。不少建筑可以结合广场地下空间来设置。

2）按是否直接承载市民的活动划分

（1）人可进入的区域。指直接承载市民集会、表演、赏景、游憩、交往和锻炼等活动的用地。又可细分为硬地、树林、过道、游戏及表演场地等小类。广场面积越小，该类用地比例应该越大，否则将无法满足市民活动对场地的需求。

（2）人不可进入的区域。指在广场中限制市民入内活动的绿地、水面、小品设施等用地。这部分用地以观赏为主要功能，是相对封闭的空间。

2. 广场用地构成

我国有人对山东省和大连市近年新建和改建的18个城市广场进行了调查分析，对其用地情况做出了统计。统计情况如下。

从用地规模上看，有10个广场在3公顷以内，占55.6%；其他8个广场多数为市级、区级中心广场，其中有4个超过6公顷。

从用地构成上看，18 个广场中铺装场地所占比例最高，平均为 49.4%。其中淄博市人民广场最高达到 83.5%，烟台文化广场最低为 25.1%；绿地所占比例次之，平均为 46.2%，其中烟台文化广场最高，达到 67.6%，淄博人民广场最低为 9.9%；通道所占比例很少，平均为 2.7%；附属建筑用地所占比例最少，平均为 1.8%。

另外，广场中人可进入活动的场地面积所占的比例一般均超过 40%。6 公顷以内的该值主要在 50%~60%，若是 6 公顷以上的广场，该值一般低于 50%。

1) 影响广场用地构成的因素

(1) 与广场的用地规模有关。

一般说来，广场规模大，绿地的比例较高；反则反之。18 个广场中用地规模在 3 公顷以内的广场，绿地所占比例主要集中在 30%~50%；用地规模在 3 公顷以上的广场，绿化用地所占比例大多在 60% 左右。

(2) 与广场的类型有关。

市级、区级中心广场重视环境和景观的创造，绿地的比例往往偏高；新区广场与市民各项活动关系密切，铺装场地的比例较高；与公共建筑结合设置的广场中，因为这类公建规模较大，铺装场地比例也会高一些。如淄博人民广场和威海火炬广场的铺装场地所占比例明显偏高，分别为 83.5% 和 76.8%，这是由于两个广场均位于大型公建前面，承担着较多的交通疏散功能的缘故。

(3) 与建设条件、地点有关。

场地内有树木、水面可利用的广场，绿化用地的比例较高；在市中心地区建设的广场若结合地下空间的开发，其附属建筑用地就会少一些。

2) 广场用地构成建设指标

广场用地构成的确定既要保证市民正常活动的需要，又不宜形成过大的硬地面积，造成广场的景观与生态效能下降。按照《公园设计规范》(CJJ48-92) 的规定，公园的绿化用地比例应大于 65%。而广场毕竟不是公园，所以一般来说，广场用地构成中绿化用地比例不应超过公园的绿化用地比例。考虑到我国城市一般地块的绿地覆盖率近年来已有了较大提高，广场的绿化用地比例不应小于 35%。同时，建议城市广场的用地构成按照广场规模进行分级控制 (表 6.1)。

表 6.1　城市广场用地构成建议指标

广场用地规模/公顷	铺装场地/%	绿化用地/%	通道/%	附属建筑/%	其中人可进入活动的区域/%
≤3	40~60	35~55	2~4	1~2	50~70
3~6	35~55	40~60	2~4	1~2	45~60
≥6	30~50	45~65	2~4	1~2	40~55

广场规划设计不仅要合理确定广场的用地构成，更要考虑广场内各种用地的复合性，使得一块用地能承担不同的功能，以便充分发挥广场用地的多功能。

二、广场的规模与尺度

1. 广场的规模

广场的规模即广场用地面积的大小。一般由广场用地类型及其构成来决定。广场规模大小与许多因素有关，首先是与广场所具有的功能密切相关，所以设计时需要讲究广场大小与其性质功能相适应。面积过大或过小的广场都难以给人留下好印象；大而空的广场对人具有排斥性，无法形成一个让人可感觉的空间，往往导致失败；小而局促的广场则使人产生压抑感；而大小适中的广场才会有较强的吸引力。一般具有特殊性质和主题性的广场，如政治集会、纪念性广场，应有相适应的规模以满足其特殊需求，这主要考虑集合时需容纳的人数来确定。有达到可容纳数千人到上万人的此类广场，如北京天安门广场、上海东方广场、长春人民广场等，规模均在 8 公顷以上。

一般性的市民广场，无政治、集会、纪念等特殊性质，在城市中占多数，广场的大小应根据其使用人数和建筑物的规模来决定，主要根据主体建筑物规模。考虑到人们对广场建筑物的视觉要求，通常在体型高大的建筑物的主要立面方向，应相应配置较大的广场。不过也有例外。

除此之外，任何类型的广场其用地面积大小还与所在城市的规模大小有关，也与其服务范围大小有关。建设部 1995 年颁布的《城市道路交通规划设计规范》中关于不同广场用地面积的规定，显然与城市人口多少有关。

但实际上我国有些城市广场尺寸确实有些偏大，特别是与国外的相比。根据对欧洲中世纪优秀的城市广场调查，一般认为城市的一般性市民广场的最佳尺寸应在 60 米×150 米=0.9 公顷。超出这个尺寸，广场空间就难以界定。前面介绍的国外一些较好的现代城市广场，其面积都大，如澳大利亚墨尔本市政广场为 0.6 公顷；纽约洛克菲勒广场不到 0.5 公顷；纽约佩雷广场约 0.04 公顷；佛罗伦萨长者会议广场为 0.54 公顷；圣马可广场 1.28 公顷。

由此可见，我国广场用地面积确有偏大现象，起码对节约城市用地是不利的。为方便居民使用，城市中广场的数量可以规划多一些，而面积小一些。现在我国一些城市已经逐渐认识到这一问题，开始引导广场向小型化、多功能方向发展。

不过，也有些广场因为功能复杂的要求，用地面积确实需要大一些。如常德市站前广场，根据该火车站的级别，高峰日游客量为 1400 人，按照国家规范规定的 2 公顷用地是足够了。但是，若是结合城市开发建设的要求，该广场不仅要满足停车、疏散等交通方面的功能，还要承担城市广场的其他功能。因此，规划时在 2 公顷的基础上又增加了 4 公顷作为城市广场用地。这样常德市站前广场的总用地就达到了 6 公顷。

2004 年 1 月，建设部、国家发改委、国土资源部、财政部四部委联合下发通知，进一步规范了对城市广场规划设计的规模要求：建设城市游憩集会广场的规模，原则上小城市和镇不得超过 1 万平方米；中等城市不得超过 2 万平方米；大城市不得超过 3 万平方米；人口规模在 200 万以上的特大城市不得超过 5 万平方米；同时规定广场在数量与布局上，也要符合城市总体规划与人均绿地规范等要求。建设城市游憩集会广场，要根据城市环境、景观的需要，保证有一定的绿地。

2. 广场的尺度与视角关系

实际上广场的尺度与广场规模大小是直接相关的。因为尺度是以人的自身尺寸关系与物尺寸之间所形成的特殊数比关系，所谓特殊是指尺度必须是以人的自身尺寸为基础。比如，一个按键的尺寸大小与人的手指大小尺寸就会形成一定的尺度关系；当一个人站在天安门广场上，那他与广场就会形成一定的尺度关系；而当这个人分别站在天安门广场和北京站前广场上，他与这两个广场的尺度关系就会有较大差别，这主要是因为两个广场的规模不同。可见，要想适当处理好广场的空间尺寸，合理确定广场规模也是很重要的。因此要想与人体尺度取得良好的数比关系，广场空间确实不宜过大。

但是，对于广场空间环境设计而言，更关键的还是广场的尺度问题，因为广场是为人建造的，对于人的情感、行为等都有巨大的影响。所以，广场尺度的处理应适当考虑与人的尺度关系，因为尺度是以人的自身尺寸作为基础。根据人在广场上的行为心理分析，如果两个人处于 1～2 米的距离，可以产生亲切的感觉；两人相距 12 米就能看清对方的面部表情；相距 25 米能辨别对方是谁；相距 150 米以内能辨认对方身体的姿态；相距 1200 米，只能看得见对方。这就是说空间距离越短，亲切感越强，距离越长就越疏远。根据这个分析，日本学者芦原义信指出，要以 20～25 米作为模数来设计城市外部空间，它反映了人的"面对面"的尺度范围，认为这是一个令人感到舒服亲切的尺度，这对于我们进行广场空间的领域性划分是很重要的。当然，这仅仅是从距离上来讲的。

人与广场周边建筑围合物的尺度关系是十分重要的，它主要由视觉因素来决定，而这又与广场宽度和建筑物高度之间的尺度有关。如图 6.50 所示，将 H 用以代表围合物的高度，用 D 代表广场的宽度，而当站在广场中点时，则有：

(1) $D/H = 1$，即垂直视角为 45°时，可看清实体的细部，人有一种既内聚、安定又不至于压抑的感觉。

(2) $D/H = 2$，即垂直视角为 27°时，可看清实体的整体，仍能产生一种内聚、向心的空间，不致产生离散感。

(3) $D/H = 3$，即垂直视角为 18°时，可看清实体的整体及背景，会产生空间离散、排斥感，围合感差。

(4) $D/H = 4$，即垂直视角为 14°时，空间不封闭，建筑立面起到远景边缘的作用，空旷、迷失、荒漠感强。

由此可见，比较好的广场空间高宽比应在 1 : 3 之内，这是因为在日常生活中，人们总会要求一种内聚、安全、亲切的环境，所以历史上许多好的城市广场空间高与宽的比值均在 1～3。而当高与宽之比为 1 : 4 或更大时，为了取得较好效果，需要在广场周围重要地点布置一幢较高的建筑，作为空间的支撑点，从而获得"伞效应"，以达到空间界定效果(图 6.51)。若建筑设计得好，还能形成广场的标志性特色。或者像天安门广场一样，增加广场内容、层次，使广场原来十分空旷、开敞的空间，表现出舒展、明朗、富有层次。

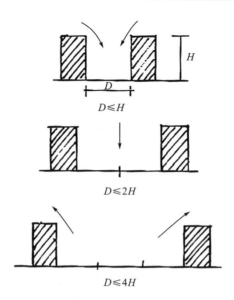

图 6.50　建筑高度与广场宽度的尺度关系

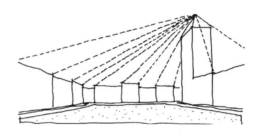

图 6.51　广场空间"伞效应"（高宽比 1：4）

　　广场空间又与广场自身的长宽比例有关。根据经验统计，设计成功的广场大致有下列比例关系：①1＜D/H＜2；②L/D＜3（L 为广场长度）；③广场面积＜建筑物界面面积×3。

　　以上比例关系并不是一种规范，而是属于经验总结，所以应用时可按实际情况进行调整。

　　一般作为人们逗留休息聚会、相互交往等活动的游憩场所，广场的尺度是由共享功能、视觉功能和心理因素综合考虑的，一般长和宽以控制在 20～30 米较为适合。

　　为了防止产生条状广场，一般矩形广场长宽比不得大于 3：1，在美国有些城市还专门作了进一步规定，要求至少 70%以上广场总面积应坐落在一个主要的地盘内，并不得少于 70 平方米，以避免使广场面积零碎。另外，街坊内部的广场，宽度至少要有 12 米，以便使阳光能照射在地坪上，令人们感到舒适。而这些经验都值得我们在广场设计中作为参考。

三、广场与周围建筑物的关系

　　几何轮廓较为清晰和明确的城市空间需要高质量的周边建筑相配合，大多数古典广场都由精美的建筑所环绕。当建筑物围绕广场布置时，对广场空间就会形成围合。广场围合常见的要素，除了建筑外，还有树木、柱廊、有高差的特定地形等。一般情况下，广场围合程度越高，封闭感越强，但围合并不等于封闭。应该引起注意的是，广场一般需要封闭，但从现代生活需求来看，广场周围的建筑布置倘若过于封闭隔绝，就会降低其使用效率，同时在视觉上的效果也不佳。因此，在现代城市广场设计中，考虑到市民使用和视觉观赏，以及广场本身的二次空间组织变化，必然还是需要一定的开放性。这样一来，在广场规划设计时，掌握这个"度"就显得非常重要。广场周围建筑物的布置既要有一定围合感，又要有一定的开敞性。

通常在建筑物的围合下，广场空间可以有以下几种情形。

1. 四角敞开的广场空间

这种广场空间，当空间开口位置不同时，会形成不同的封闭感。如图 6.52a 所示，道路从四角引入，把广场建筑与广场地面分开，致使建筑物之间在广场角部开口的豁口太大，破坏了建筑物之间的联系和广场空间的完整性，封闭性较差。

图 6.52b、c 为改进后的方案，缩小了广场角部开口的豁口。但图 6.52b 效果不如图 6.52c，它使面对道路两侧建筑与广场的关系不够紧密，空间的整体感不强。图 6.52c 是一种最有趣的广场平面布置形式，不仅角部开口能明显减小，而且无论从哪个方向进入此空间都能看到建筑立面，解决了对景问题，由此获得了很强的空间效果，建筑与广场也取得了紧密的联系，形成了统一的空间构图。佛罗伦萨的希格诺利亚广场就是这样一种布局（图 6.53）。

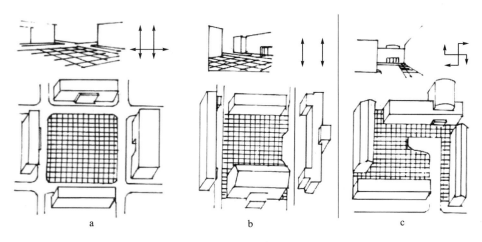

图 6.52 四角敞开的广场空间比较

2. 四角封闭的广场空间

这是与上述情形相反的一种广场空间。如图 6.54a，将广场角部封闭，中间开口，围合性较好。但从开口处可看穿广场，视线没有封闭，空间效果不好；图中图 6.54b 是将广场开口减少到三个，效果比图 6.54a 要好；如果把图 6.54a 中两个相对的开口封住，只保留两个开口，仍然可以从一个方向看穿广场。这三种情况实际上都是把广场布置在道路的中间，因此要想整个广场获得良好的空间效果，最好是在广场中间(焦点)设置标志物(雕塑、碑、塔)作为对景,以避免视线从"裂缝"中看穿。最好的广场例子有巴黎旺多姆广场和佛罗伦萨的亚南泽塔广场(图6.40)。

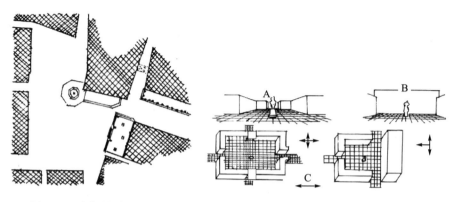

图 6.53　希格诺利亚广场　　　　图 6.54　焦点设标志物作为对景,避免视线看穿

3. 三面封闭,一面开敞的广场空间

这实际上是一种形成三面围合的广场空间,封闭感较好,且具有一定方向性,有明显的向心感和居中感,也使人产生安心感。这类广场空间在现代城市中很常见,当人从开敞一侧的道路向广场看时,广场有很好的空间封闭感;当人进入广场后,又能看到外面的人流、车流,给广场增添了动感与活力。与道路相对或与敞开一侧对应的建筑往往就是广场的主体建筑,也是人们的视觉焦点,需要对其精心设计。

在主体建筑两侧的建筑,通常是采取平行围合的方式形成 U 形空间,这样可加强轴线的方向感;如果两侧围合构成"U"形空间,则会带来戏剧性的透视变化,使得这个空间具有独特的趣味。图 6.55 为东北沈阳故宫大政殿广场和罗马卡多比广场,它们都是抛弃了广场两侧建筑平行的传统透视方法,把矩形广场变成了梯形广场,获得了特殊的效果。

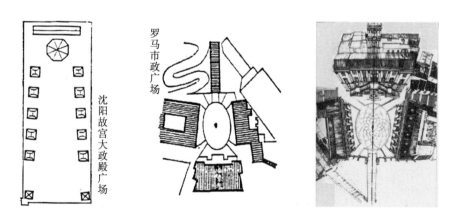

图 6.55　沈阳故宫大政殿广场和罗马市政广场

如果能熟练运用透视原理进行设计，就会取得很好的效果。把广场一边或多边转折角度即可形成丰富的三维透视和良好的景观，对表现建筑的主体感和指明街道的方向感都有好处。运用透视进行视觉设计与校正变形在东西方广场空间设计中都有先例，如圣彼得大教堂前广场和罗马卡多比广场的"倒梯形"、沈阳故宫大政殿广场的"正梯形"，都是基于视觉变形和校正而有意设计的。它们抛弃了广场两侧建筑平行的传统透视方法，把矩形变成正 U、反 U 形空间(梯形)，带来了戏剧性的透视变化，使得这一空间有着独特的趣味。

从视觉角度看，位于正梯形广场宽边的人会对窄边界面产生延伸感，面对倒梯形广场中部的建筑则有向前推的感觉。从透视规律上讲，人们由短边向长边看会感到空间辽阔；从长边往短边看会感到空间深远。比如，卡多比广场属于追求主体建筑辽阔的例子，圣马可广场则属于追求空间深远的例子。

从理论上讲，透视法是可以提供一种增加纵深感的方法，人们通过使用这种人为的近大远小的绘图方法逼真地表现体积。当广场为四边平行的矩形时，周边建筑往往只作为一个平面而存在，很难表达它的立体感。这时，为了突出主体建筑的立体感可以让主体建筑的一部分突出这一平面，如图 6.56 中的上图。

图 6.56 中的下图，广场上主体建筑若与周围环境采用完整对称形式，仅能表现出平面性。但要想让其与环境互为补充，相辅相成，同时突出其体量，获得更为丰富的景观效果，这时处理好建筑的檐角(交叉口)成为确定城市外部空间的关键。将建筑物的檐角部分突出围合界面，建筑体量被突出，广场与街道的转折关系更加明确，形成了具有良好三维透视效果的城市空间。

4. 一面封闭、三面开敞的广场空间

这类广场封闭性很差，但使用方便。对面向建筑的一方，行动和视线仍有很大限制，因此往往同时有通或不通的两种相反现象(图 6.57)。当这种广场规模较大时，可考虑组织二次空间，如局部下沉，以改善空间效果。

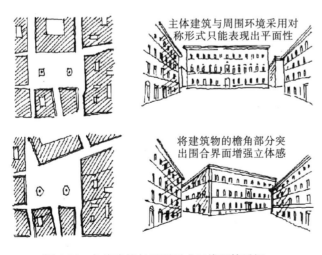

图 6.56　主体建筑与界面形成三维环境透视　　　　图 6.57　哈尔滨索菲亚教堂步行广场

以上讲到的几种广场空间中，四面和三面围合是最传统的空间形式，也是最常见的广场布局形式。

5. 广场周围建筑物的安排

对于广场周围建筑物的安排，我们通常从广场的性质和建筑物性质方面考虑：

广场周围建筑物的性质，常常影响到广场的性质和气氛；反之，广场的性质气氛要求也就决定了其周围应安排的建筑物性质。如在交通广场周围，不应布置大型商场或公建；在商业、休闲娱乐广场周围不宜布置行政办公楼建筑等。

对于一般的市民广场，通常作以下考虑。

(1)广场上的主体建筑物应有很强的社会性和民众性，如博物馆、展览馆、图书馆、文化馆等，也可在广场中增加一些大众化和普通性的文化内容。一般供周期性使用的建筑、纪念性和私密性很强的建筑，不应该放置于市民广场上。

(2)广场上应多布置服务性和娱乐性的建筑，如商店、咖啡厅、餐厅、影剧院、娱乐室等，以使广场具有多功能性质，保持生气勃勃的热闹景象。

如果在市中心集会广场上只布置了行政机关，夜晚来临时广场就会变得十分冷清，这种情况在一些大城市都有发生。因此，在主要广场周围应该引进一些其他功能的建筑物，如冷饮室、餐厅等，也便夜间也保持主要广场的活力与生气。

最受群众喜爱、利用率最高的是休息广场和购物广场，很多这样的广场都是在传统的市场基础上产生的，所以设计这类广场要尽可能注意保持周围建筑物的原貌，形成历史的延续感，并组织好停车场，添加一些绿化，休息设施。由于购物广场的热闹气氛，它们就成为旅游规划的主要组成部分。

(3)要防止过多的将重要的建筑物都集中在一个广场上。否则，至少会出现三方面的问题：从建筑设计上来看，将为众多建筑形式的协调带来困难；从规划上看，会带来交通复杂的问题；同时，在城市中心区的其他部分会因缺乏纪念性大型建筑物而失去吸引力。

(4)在广场上应适当结合小品建筑等布置小卖部或布置活动摊点、报亭等，以增加人情味。

6. 广场空间与周围建筑形态的关系

广场空间与周围建筑形态的关系有以下几个方面。

(1)当高层建筑和底层建筑共同围合成广场空间时，为了加强建筑之间的联系，形成良好的空间效果，可以利用高层建筑的裙房或底层的敞廊与邻近建筑建立联系(图6.58)。

(2)当广场空间围合感很强，但空间显小时，可将主体建筑后退至围合界面之后，以突出空间体量，但不能形成一定的纵深感。这时必须注意主体建筑应比较高大，即建筑与空间体量要相适应，在高而窄的建筑立面前应配以宽阔的空间(图6.59)。

(3)当广场空间形式比较单调空旷时，可将主体建筑向广场空间内部拓展；或将主体建筑摆在广场中心(图6.60)；这时要注意它的体型必须从四个方向观看都是完整的；或将广场一角的建筑向广场内凸出，形成转角，在转角处布置主体建筑，使其立面凸出在广场之中，然后在凸出的转角处形成空间轴心(图6.61)。这样可以打破单一的广场空间形式，使广场空间的变化丰富多样。

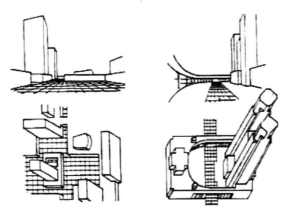 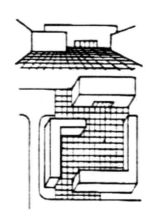

图 6.58　裙房或底层的敞廊与邻近建筑建立联系　　　　图 6.59　主体建筑后退

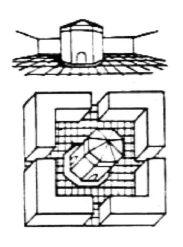 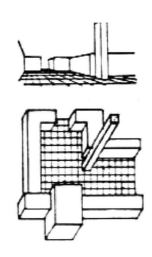

图 6.60　将主体建筑摆在广场中心　　图 6.61　将一角的建筑向广场内凸出

如意大利佛罗伦萨西格诺利亚广场的维其奥宫就属于突出于广场角部的典型。一方面，三维立体体量被表现出来，另一方面，作为乌菲其大街轴线的对景显示其重要性。从广场内部看，这一建筑将方形广场转化为 L 形，这种 L 形广场可视为大小不同的两个广场，突出的角部形成一个空间轴，广场空间围着此轴转动，角部建筑便取得了控制广场的作用(图 6.62)。

四、广场与道路的关系

通过对广场与周围建筑物的关系以及广场的空间布局形式的讨论，可以清楚地看到，广场和建筑的关系离不开道路，它们二者是一个整体，人们需从不同道路来到广场。所以，广场、道路、建筑三者的组合关系非常紧密，而广场与道路的组合关系一般有三种方式：即道路引向广场、道路穿越广场以及广场位于道路一侧等关系形式(图 6.63)。

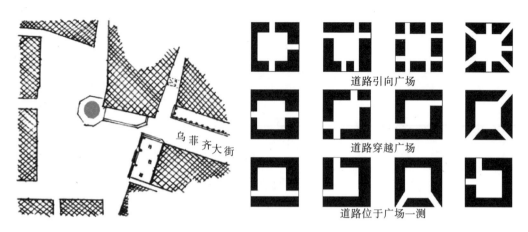

图 6.62 西格诺利亚广场

道路引向广场

道路穿越广场

道路位于广场一测

图 6.63 道路与广场组合关系

在广场空间设计中，如何既能有效地利用道路交通，又能避免交通对广场的干扰，这是处理好广场与道路关系的一个关键问题，也是我们要解决的主要问题之一。日本横滨开港广场为我们提供了很好的经验：它曾经原是十字形交叉的道路，若按常规设计，道路要么包围广场要么切割广场。然而，开港广场却将道路交叉口扭转了一个方向，广场和交叉口各占一隅，各自构成独立领域，巧妙地避开了交通对活动广场的干扰(图 6.64)。这反映出在广场与道路的关系的处理上很有创意，但是却对交叉口的交通组织带来了一定困难。另外，绍兴市鲁迅文化广场也与道路有一个较好的关系。

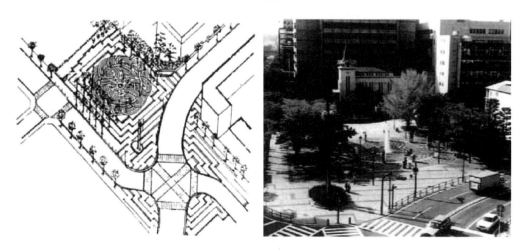

图 6.64 日本横滨开港广场

五、广场的空间组织

从艺术的角度进行广场空间组织时应重视以下几点。

(1)广场周围的主要建筑物和主要出入口，是空间设计的重点和吸引点，需重点处理。在进行广场设计时，最容易忽视的一点即是广场的出入口。如交通广场的设计要点是组织好交通流线，其出入口往往是关键地点；而供休息、娱乐、购物、文化和集会的生活广场，不但有使用上和交通上的功能，而且也是广场在城市造型中起作用的主要部位，其中以入口最为重要。若入口处理得当，可以为城市增添许多光彩。

在国外，不少的大小广场入口的处理就很有特点，或设置柱廊以丰富空间；或从一个小的狭长空间转向一片大的开阔空间，以加深印象；或利用一组雕塑作为前景；或以富有特色的建筑物和构筑物来吸引人的注意力等。这种处理手法，比之简单地以大街与广场直对，形成轴线这样一类千篇一律的手法，效果要好得多。

如威尼斯圣马可广场的主入口为一排柱廊，小广场的出入口为两个方尖碑(图 6.65)；坎波广场由狭窄的街道空间进入到广场开阔的空间，使人豁然开朗(图 6.66)；罗马市政广场三对雕塑在入口处形成前景(图 6.67)。

图 6.68 和图 6.69 是波士顿昆西广场，它是一个商业广场，这是它的入口，小巧别致，既是入口，也是标志。显然与其他类型的广场入口很不相同，与商业广场气氛十分吻合。

图 6.65　主广场出入口设计一排柱廊

图 6.66　小广场出入口设置两个方尖碑

图 6.67　罗马市政广场雕塑入口

图 6.68　波士顿昆西广场

图 6.69　昆西广场入口

图 6.70 是美国芝加哥约翰汉考克大厦广场的一个入口。由于汉考克大厦入口空间比较有限，于是结合广场的入口采用下沉式处理，且设南、北两侧，南侧台阶局部处理呈圆弧形，使空间产生了丰富的变化。广场柔和的弧形界面缓和了大厦本身比较冰冷刻板的形象。广场入口与大厦入口的结合极大地方便了人们的使用，入口处设置的桌椅、餐饮服务，更为市民的进出提供了休息环境。

图 6.71 是日本筑波科学城中心广场的入口处理，下部石材构成基础，上部不锈钢形成支架，下部实、上部虚。它采用下行式，经过门亭进入广场，手法十分简洁。下部为石材，上部为不锈钢形成 8 个弧线构成的骨架，传统与现代结合。图 6.72 是新奥尔良意大利广场的入口处理，它设置了一座钟塔，整体造型比较厚重，带有浓厚的古典风格，与广

场上由王座古典柱式组成的柱廊非常协调，也使得广场形象更加完整。

图 6.70　约翰汉考克大厦广场

图 6.71　筑波科学城中心广场下沉式入口与弧线构成的骨架

图 6.72　奥尔良意大利广场入口

图 6.73 是常熟市新区中心广场。常熟市是国家级的历史文化名城，由于它是一座小城市，因此在发展建设中不宜像南京、北京等规模较大的历史名城那样以旧城更新改造为主，而是采用新城建设与旧城改造并举的方式。于是就将城市中心区迁出了古城区，在古城东北向建设了新的城市中心区，在市政府大楼前修建了中心广场。主体建筑就是这幢政府机关大楼，它在设计上特别注意了平面布局与环境的关系，平面上采用面向广场的"八"字型布局，隐喻传统的"八字门"，以体现庄重感。为了在视觉上获得乡土文化效果，在大楼前设计了水平展开的门廊，门廊又与水池相连。这样的处理，不仅适当缓和了主体建筑严肃、庄重的气氛，增加了建筑层次，而且也体现了这座水乡古城的建筑特点。但也存在广场上设施、内容较少，显得大而空的问题。

图 6.73　常熟市政府大楼与门前水平展开的门廊

(2)应突出广场的视觉中心，特别是一个大的广场空间，假如没有一个视觉焦点或心理中心，会使人感觉虚弱空泛。当然我们可以用主体建筑来吸引人们的目光，构成广场中心。但在大量的广场实例中，上述的这些要素，只要设计得当，往往会替代主体建筑成为组织空间的视觉中心。所以一般在公共广场中，常常利用雕塑、水池或喷泉、大树、钟塔、纪念碑、露天表演台等的布置形成视觉中心，并形成轴线焦点，使整个广场有差强而稳定的情感脉络，使人流聚向中心，产生无法抗拒的吸引力。这种视觉中心常有以下设置：

①长方形广场，可以在端部主要建筑物前设置；也可以在广场中心设置。这种布置也适用于其他规则的几何形体的广场。如江苏洞庭湖东山镇石桥广场用一棵大树构成中心，如图 6.74 所示。

图 6.74　大树构成广场中心

②L形或不规则形广场，可设在拐角处，或场地的形式中心处形成焦点。如威尼斯圣马可广场上的钟楼；意大利坎波广场上的喷泉；哈尔滨防汛纪念广场上的纪念碑；佛罗伦萨希格诺利亚广场上的标志物(图6.75)。

③利用地形高差，在各种地形的变换点附近设置，可丰富空间层次，形成焦点。如朝鲜平壤市的一处纪念广场，在地形起伏变换点附近且地势较高处设置了领袖及旗帜雕塑，自然成为吸引人们目光的焦点(图6.76)。

④利用地形制高点，形成焦点。如旧金山的吉拉德利广场，如图6.77所示。由图6.77可见，平面图基地规整，但从剖面图可知，地形为一坡地。围合广场的建筑由低到高顺坡而建，在最高处设置一体态优美的钟塔，既为焦点，也是街道景观的节点。

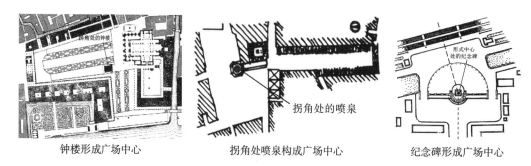

钟楼形成广场中心　　　　　拐角处喷泉构成广场中心　　　　纪念碑形成广场中心

图6.75　不规则广场形成中心焦点

图6.76　雕塑构成广场中心

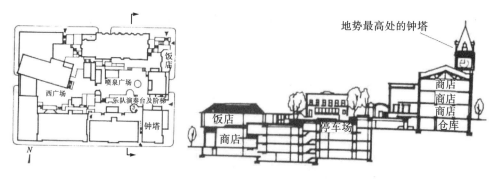

图6.77　美国旧金山的吉拉德利广场及广场剖面

参 考 文 献

丰田幸夫, 1999. 风景建筑小品图集. 北京: 中国建筑工业出版社.

冯建逵, 王其亨, 2005. 风水理论研究. 天津: 天津大学出版社.

弗朗西斯, 2003. 建筑与环境设计. 天津: 天津大学出版社.

金光君, 1999. 图解城市设计. 哈尔滨: 黑龙江科学出版社.

亢亮, 亢羽, 1999. 风水与城市. 天津: 百花文艺出版社.

雷春浓, 1997. 现代高层建筑设计. 北京: 中国建筑工业出版社.

李德华, 2001. 城市规划原理. 北京: 中国建筑工业出版社.

李泽民, 1988. 城镇道路广场规划与设计. 北京: 中国建筑工业出版社.

蔺宝钢, 2007. 环境景观设计. 武汉: 华中科技大学出版社.

刘滨宜, 1999. 现代景观规划设计. 南京: 东南大学出版社.

刘文军, 沈福煦, 韩寂, 1999. 建筑小环境设计. 上海: 同济大学出版社.

阮仪三, 1992. 城市建设与规划基础理论. 天津: 天津科学技术出版社.

沈福煦, 1999. 建筑设计手法. 上海: 同济大学出版社.

斯蒂文·摩尔海德, 2001. 景园建筑. 天津: 天津大学出版社.

孙成仁, 1999. 城市景观设计. 哈尔滨: 黑龙江科学技术出版社.

孙利民, 1997. 绿地规划与小品制作. 天津: 天津大学出版社.

田银生, 刘韶军, 1989. 建筑设计与城市空间. 天津: 天津大学出版社.

王华春, 段艳红, 赵春学, 2008. 国外公众参与城市规划的经验与启示. 北京邮电大学学报(社会科学版), 10(4): 57-62.

王珂, 夏健, 杨新海, 1999. 城市广场设计. 南京: 东南大学出版社.

王庆昌, 等, 1998. 居住与其他建筑. 哈尔滨: 黑龙江科学技术出版社.

王晓燕, 2000. 城市夜景观规划与设计. 南京: 东南大学出版社.

王郁, 2006. 日本城市规划中的公众参与. 人文地理, 21(4): 34-38.

徐思淑, 周文华, 1991. 城市设计导论. 北京: 中国建筑工业出版社.

袁犁, 向晓琴, 许入丹, 2016. 农业景观规划设计与实践. 北京: 地质出版社.

袁犁, 曾明颖, 2017. 风景园林规划原理. 重庆: 重庆大学出版社.

赵晶夫, 1994. 城市道路规划与美学. 南京: 江苏科学技术出版社.

赵璃, 2008. 试析上海城市规划编制中的公众参与. 上海: 同济大学.

赵世伟, 张佐双, 2001. 园林植物景观设计与营造. 北京: 中国城市出版社.

中国城市规划学会, 2000. 商业区与步行街. 北京: 中国建筑工业出版社.

周建军, 2000. 公众参与: 民主化进程中实施城市规划的重要策略. 规划师, 16(4): 4-7.

周岚, 2001. 城市空间美学. 南京: 东南大学出版社.